NOUVELLES ARCHIVES

DES

MISSIONS SCIENTIFIQUES

ET LITTÉRAIRES

CHOIX DE RAPPORTS ET INSTRUCTIONS

PUBLIÉ SOUS LES AUSPICES

DU MINISTÈRE DE L'INSTRUCTION PUBLIQUE ET DES BEAUX-ARTS

TOME XIII

Fascicule 2

PARIS

IMPRIMERIE NATIONALE

MDCCCCV

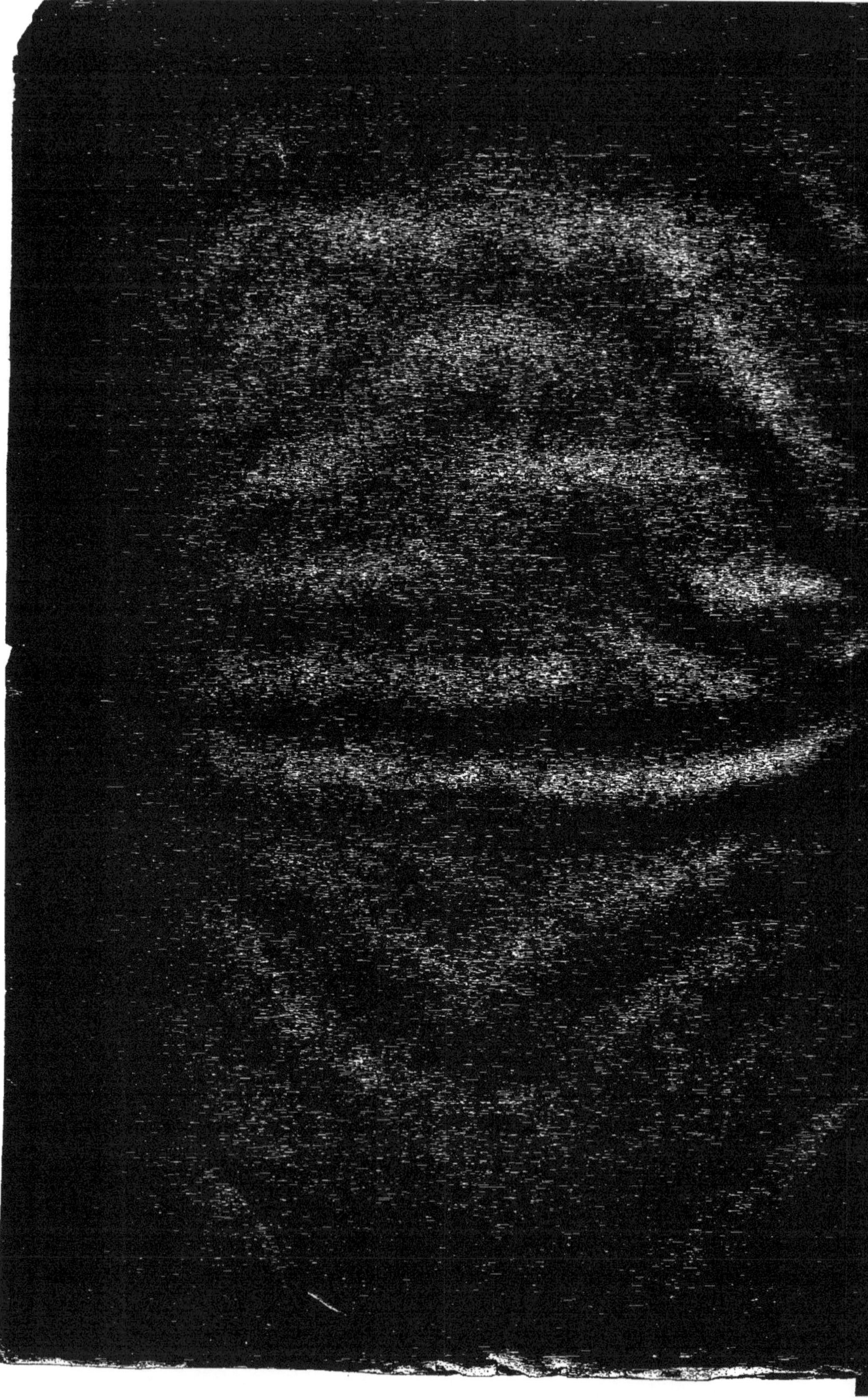

NOUVELLES ARCHIVES

DES

MISSIONS SCIENTIFIQUES

ET LITTÉRAIRES

NOUVELLES ARCHIVES

DES

MISSIONS SCIENTIFIQUES

ET LITTÉRAIRES

CHOIX DE RAPPORTS ET INSTRUCTIONS

PUBLIÉ SOUS LES AUSPICES

DU MINISTÈRE DE L'INSTRUCTION PUBLIQUE ET DES BEAUX-ARTS

TOME XIII

Fascicule 2

PARIS

IMPRIMERIE NATIONALE

MDCCCCV

TOME VIII

Fascicule 3

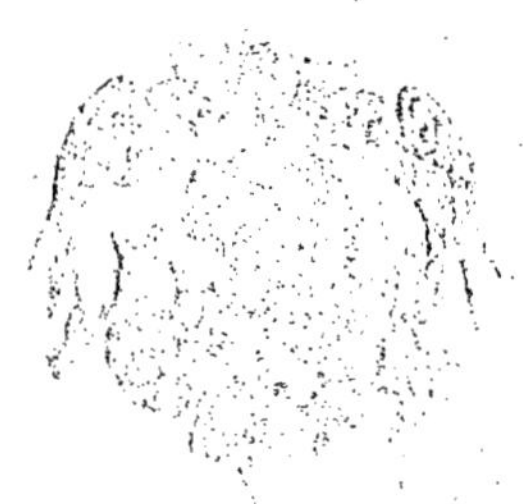

PARIS

IMPRIMERIE NATIONALE

RAPPORT

SUR

UNE MISSION SCIENTIFIQUE

ET ÉCONOMIQUE

AU CHARI-LAC-TCHAD,

PAR M. AUG. CHEVALIER.

———❦———

Monsieur le Ministre,

J'ai l'honneur de vous rendre compte des résultats généraux de la mission que vous m'avez confiée en 1902. L'étude des documents rapportés est encore loin d'être terminée, mais j'ai cru qu'il était indispensable de vous remettre, à la veille d'entreprendre une nouvelle mission en Afrique occidentale, ce premier aperçu sur l'ensemble des travaux que nous avons poursuivis.

La mission scientifique et économique Chari-Lac-Tchad a pu s'organiser grâce au concours de votre Département, joint à celui du Département des colonies, et à l'aide de la participation pécuniaire du Muséum d'Histoire naturelle de Paris, du Gouvernement local du Congo français, de l'Académie des Inscriptions et Belles-Lettres qui nous a accordé une importante subvention sur les fonds du legs Garnier. Les fonds mis à ma disposition n'ont toutefois pas atteint la somme de cent mille francs, et c'est sur ce budget restreint qu'il a fallu assurer la marche de la mission pendant près de deux années, et c'est à l'aide du petit reliquat que M. le Ministre des Colonies a bien voulu mettre à ma disposition, au cours de la mission, que nous avons pu entreprendre les premières études.

COMPOSITION DE LA MISSION.

À l'aide des moyens qui me furent accordés, dès l'organisation de la mission, j'ai pu m'attacher trois collaborateurs qui étaient :

M. Courtet, officier d'administration d'artillerie coloniale, chargé des recherches géologiques et minéralogiques. M. Courtet releva également les itinéraires suivis pendant une grande partie de la mission et, à son retour, M. Courtet a mis en ordre tous les travaux topographiques et cartographiques de la mission;

M. le Dr Decorse, aide-major de première classe des Colonies, connu déjà par ses recherches d'histoire naturelle à Madagascar, a été chargé spécialement de former des collections zoologiques et de poursuivre des études sur l'ethnographie et l'anthropologie;

Enfin le troisième collaborateur, M. Martret, ancien élève de l'École d'horticulture de Versailles, très au courant des cultures tropicales, était chargé de transporter des plantes vivantes dans l'intérieur de l'Afrique, afin de les introduire dans un jardin d'essais que devait constituer la mission. Il devait, en outre, au cours de nos travaux, réunir un nombre de graines aussi considérable que possible, les expédier aux différents établissements scientifiques de la métropole et, au retour de la mission, rapporter en France des collections de plantes vivantes, afin de les répandre dans les serres de nos établissements scientifiques.

BUT DE LA MISSION. — ITINÉRAIRE.

Organisée peu de temps après les opérations des trois missions Gentil-Bretonnet, Foureau-Lamy et Joalland-Meynier, la mission Chari-Lac-Tchad avait simplement pour but d'inventorier toutes les ressources de la faune, de la flore et du sol des nouveaux territoires qui venaient d'êtres annexés à la France et de poursuivre des recherches scientifiques dans l'étendue de ce territoire. Nous devions aussi former des collections pour nos musées, faire connaissance avec l'état social des indigènes que les traités avaient placés sous notre protectorat, créer un jardin d'essais pour l'acclimatation des plantes utiles qui manquent en Afrique centrale, enfin explorer des contrées nouvelles rentrant dans la sphère d'influence française au bassin du Tchad.

Pour remplir ce vaste programme, il fallait, outre les collaborateurs compétents que j'avais trouvés, un temps suffisamment long pour parcourir des territoires deux fois plus étendus que la France et y observer la succession des diverses saisons. La durée prévue pour la mission était de dix-huit mois; en réalité elle s'est prolongée pendant vingt-deux mois. La mission Chari-Lac-Tchad s'embarqua le 16 mai 1902 et fut de retour en France le 22 février 1904.

Quant aux territoires parcourus, ils ont été les suivants :

1° Au voyage d'aller, nous avons rassemblé tout le long de la côte occidentale d'Afrique, dans chaque escale où nous avons pu nous arrêter, autant de documents qu'il nous a été possible d'en obtenir ;

2° Au Sénégal, en particulier, le chef de la mission put séjourner dans le courant de juin 1902, pendant un mois, à la demande de M. Roume, gouverneur général de l'Afrique occidentale française, pour examiner l'organisation agricole qu'il conviendrait de donner à ce territoire et pour élucider certaines questions d'ordre agricole que nous n'avions pu complètement éclaircir lors de notre premier voyage 1899-1900 ;

3° La mission séjourna pendant une vingtaine de jours à Brazzaville (Congo français) et c'est pendant ce temps que nous avons pu étudier différentes questions relatives à l'exploitation du caoutchouc et, en particulier, l'extraction de ce produit des plantes à rhizomes souterrains très riches en caoutchouc. Cette richesse n'avait pas encore été soupçonnée avant nos études ;

4° Le 3 août 1902, nous quittions la capitale du Moyen Congo sur l'*Albert Dolisie*, vapeur du Service colonial du Congo que l'Administration avait bien voulu nous affecter, pour pénétrer dans l'intérieur de l'Afrique.

C'est pendant cette montée que nous avons pu, aux arrêts du vapeur, examiner la grande forêt équatoriale et acquérir des connaissances intéressantes sur sa flore et sa faune ;

5° Dans les premiers jours de septembre, la mission parvenait à Fort-de-Possel, point d'accès du territoire du Haut Oubangui et du Tchad que nous devions explorer ; c'est à partir de ce point que se sont produites nos recherches à travers le centre du continent noir.

Ne pouvant m'étendre longuement sur les principales questions que nous avons pu approfondir dans cette mission et réservant les résultats économiques de la mission pour en rendre compte dans un rapport spécial à M. le Ministre des Colonies, je m'arrêterai seulement sur les sujets suivants : géographie, histoire, ethnographie, sciences naturelles, résultats généraux de la mission et travaux déjà publiés.

GÉOGRAPHIE.

1° Territoire du Haut Oubangui. — Pendant que s'organisaient nos diverses études sur l'histoire naturelle, à Fort-Sibut, capitale à cette époque du territoire civil du Tchad, j'ai pu prendre contact avec les diverses peuplades de race Banda qui vivent dans cette région, en accomplissant deux itinéraires : l'un de Fort-Sibut à la Moyenne Kémo, où M. Dybowski séjourna en 1891, un second voyage à la Haute Ombella, sur la Kémo, affluent de l'Oubangui. Ces contrées sont situées à une altitude de 400 à 500 mètres et à la limite du bassin du Tchad et du Congo-Oubangui. Elles diffèrent déjà complètement, par leur constitution géologique et par leur faune et leur flore, des régions de la forêt équatoriale de l'Afrique. Le pays, comme tout le Soudan français, est parsemé de grands plateaux formés par ces poudingues ferrugineux si souvent signalés par les voyageurs. Çà et là émergent des pitons (nommés *kagas* par les indigènes) de roches éruptives (ordinairement granit) qui dépassent parfois le pays environnant d'une centaine de mètres. La végétation est clairsemée; les grandes herbes à rhizomes vivaces, mais à tiges brûlées chaque année par les feux des brousses, forment d'immenses prairies au milieu desquelles croissent des arbres rabougris au tronc tordu et brûlé par l'incendie annuel des herbes. Ces plateaux ont une valeur insignifiante; les indigènes se sont installés la plupart du temps dans les vallées où ils cultivent des bananiers et du manioc qui forment la base de leur alimentation. En guerre continuelle les uns avec les autres avant notre arrivée, ces peuplades sont aujourd'hui en diminution très sérieuse; la principale ressource forestière de ces régions est la liane à caoutchouc (*Landolphia owariensis*), qui ne croît d'ailleurs que par îlots souvent très dispersés, soit dans la partie la plus aride des coteaux ferrugineux, entre les fentes de la roche, ou parfois le long des petits cours d'eau torrentiels qui naissent sur le flanc des pics ou sur les plateaux élevés pour porter leurs eaux, soit vers le bassin du Tchad, soit vers le bassin du Congo.

Au point de vue climatérique, le pays ressemble beaucoup aux régions de la Guinée française; pendant les mois de juin, juillet, août et septembre, il tombe de l'eau souvent (environ une fois tous les deux jours); pendant les mois d'avril et mai, d'une part, et les mois d'octobre et novembre, d'autre part, il tombe encore quelques rares pluies; de décembre à mars, les pluies sont nulles ou très rares. Au poste de Fort-Sibut, il a été constaté qu'il tombait environ 1 m. 50 d'eau par an; le thermomètre descend parfois, en décembre et janvier, vers 8 degrés au-dessus de zéro; de mars à juin, les températures de 30 à 40 degrés sont à peu près constantes. M. Martret a, du reste, pu faire, pendant 11 mois, à Fort-Sibut, des observations météorologiques qui seront publiées prochainement.

2° PAYS DE SNOUSSI. — Le 11 novembre 1902, l'installation du jardin de Fort-Sibut étant suffisamment avancée et la saison des pluies ayant pris fin, le chef de la mission se mettait en route, accompagné de M. Courtet, pour aller explorer les États du sultan Snoussi, notre allié depuis qu'il a passé un traité avec M. Gentil.

Cette région, située sur les confins du bassin du Tchad et du bassin du Nil, est restée jusqu'à ces dernières années complètement fermée à la pénétration des Européens. En 1868, le voyageur allemand Schweinfurth avait vainement cherché à pénétrer dans cette contrée en venant du bassin du Nil; Nachtigal n'avait pas pu davantage s'y avancer en venant du Ouadaï. En 1891, la mission Crampel, qui se proposait de réunir le Congo à nos possessions d'Algérie, avait été massacrée après avoir pénétré dans cette région et, quelques mois plus tard, la mission de Dybowski avait dû retourner en arrière après avoir toutefois franchi le Koukourou, la première rivière que l'on rencontre coulant vers le Chari. Quelques années plus tard, M. Gentil s'était mis en rapport avec Snoussi, et un résident français put être envoyé à Ndellé, capitale des États du sultan, et, jusqu'à ces derniers temps, ce résident a été obligé de séjourner constamment en ce point. Nous avons donc été les premiers voyageurs à parcourir cette contrée et à y relever environ un millier de kilomètres d'itinéraires nouveaux. Ces itinéraires sont aujourd'hui établis et doivent servir à l'élaboration d'une carte de ces régions.

De tous temps, cette contrée a été dévastée par des razzias d'esclaves; aussi le manque d'habitants est une cause qui entrava souvent nos voyages; on peut marcher parfois plusieurs jours de suite sans rencontrer autre chose que les traces des villages dont les habitants ont été emmenés comme captifs ou vendus, soit aux anthropophages de l'Oubangui comme bêtes de boucherie, soit aux trafiquants d'esclaves du Ouadaï et du Darfour, pour, de là, être expédiés vers le Baguirmi et le Bornou, ou bien vers le Sahara, la Tripolitaine ou l'Égypte. Snoussi nous mit en rapport avec les peuplades de ses États qui, presques toutes, sont en voie de disparition : les Ndoukas, les Kreichs, les Routos, etc.

Les principales rivières que nous avons pu voir et dont nous avons pu relever une partie du cours appartiennent toutes aux affluents du Chari; ce sont d'abord le Bamingui, le Bangoran; puis, plus à l'est, cinq grandes rivières : le Tété, la Mousoubourta, le Boungoul, la Mindjia et le Koumara, rivières qu'aucun Européen n'avait vues avant nous, à l'exception des sources de la Mindjia, découvertes par Potagos en 1878 près Hofrat-en-Nahas, à la frontière du Darfour. Ces rivières coulent dans une immense plaine marécageuse inondée à la saison des pluies, longue de plus de 150 kilomètres et connue sous le nom de Mamoun; ce marais était regardé comme très mystérieux par les caravaniers d'esclaves qui y pénètrent très rarement et qui nous avaient raconté qu'il formait, dans cette région, un lac immense comparable au lac Tchad. L'excursion que nous avons pu faire dans cette région nous a convaincus qu'il s'agissait simplement d'une grande plaine basse dans laquelle l'écoulement des eaux était très difficile. À l'époque où nous l'avons visitée, il ne reste plus que çà et là des mares, des étangs, enfin un canal plus long, ayant 4 kilomètres d'étendue sur 40 à 80 mètres de largeur, habité par des hippopotames et des crocodiles. C'est à ce canal que les indigènes donnent plus spécialement le nom de Mamoun. Les Goulla-Homer, qui habitent ce pays, appartiennent à la grande famille baguirmienne, dont ils ont gardé une partie du vocabulaire; leur numération est aussi la même; comme les Baguirmiens, ils ont été influencés par l'Islam et ont oublié une partie de leurs traditions. Ils sont vêtus à la manière des Arabes noirs de médiocre condition; les femmes portent les quelques colliers de perles que leur donnent les caravaniers en échange de vivres. Sans cesse razziés par les caravanes d'esclaves, ils vivent dans l'instabilité complète et auraient déjà complètement disparu si les inondations ne rendaient l'accès de leur pays des plus difficiles.

Au nord-ouest de cette contrée se trouve le Dar-Rounga, dans lequel nous avons pu pénétrer également. Les Rounga ont une langue parlée spéciale que l'on comprend jusqu'au centre du Ouadaï. Beaucoup mieux organisés que leurs voisins, ils sont gouvernés par un véritable sultan en rapports commerciaux avec le Ouadaï et avec le sultan Snoussi. La partie du Dar-Rounga soumise à Snoussi, que nous avons visitée, est peu peuplée, mais les habitants vivent dans l'aisance; le sorgho y donne de belles récoltes, le coton y réussit, et les habitants savent le tisser pour en faire des vêtements : ce n'est que plus au nord, à Kouga, qu'on élève du bétail et des chevaux; dans la région du Mamoun pullule une mouche voisine de la tsé-tsé et appartenant comme elle au genre Glossina; les Arabes la nomment *boguéné;* sa piqûre est aussi funeste au bétail que celle de la tsé-tsé dans l'Afrique orientale; les animaux atteints présentent tous les symptômes de la maladie donnée par le trypanosome, c'est-à-dire le Nagana.

Enfin, à proximité de Ndellé, nous pûmes traverser des villages habités par les Ndoukas et pénétrer dans une partie du Kouti où Crampel fut assassiné à l'instigation du sultan Snoussi. Je vous ai rendu compte, à cette époque, du résultat de nos investigations sur les circonstances qui ont accompagné ce massacre. Crampel fut une victime du fanatisme religieux, et il mourut en travaillant à la grandeur de son pays.

Dans le sud des États de Snoussi, on rencontre un pays ayant tout à fait l'aspect des régions du Haut Oubangui dont nous avons parlé précédemment. Du haut des plateaux ferrugineux et du pied des pics granitiques nommés *kagas* dans le pays coulent des ruisseaux au lit profondément entaillé dans la roche, qui est tantôt un grès horizontal, sur lequel nous reviendrons, tantôt la roche ferrugineuse proprement dite désignée sous le nom de *latérite* par Junker et les voyageurs récents. Ces rivières, torrentueuses à la saison des pluies, ne laissent couler qu'un mince filet d'eau à partir du mois de février. Elles sont bordées d'arbres gigantesques qui forment sur les deux rives d'étroits rubans forestiers, larges de 5o à 5oo mètres, et qu'on nomme galeries forestières depuis l'étude consciencieuse qui en a été faite par Schweinfurth. Ces galeries ont encore toute la splendeur des forêts de la région équatoriale; certains arbres s'y élèvent à 4o mètres de hauteur, les lianes s'y enchevêtrent, les palmiers, les grandes aroïdées, les élégantes scitaminées vivent au ras du sol sous ce couvert imposant. Un peu plus haut s'élèvent des arbres de deuxième grandeur qui forment comme une seconde galerie à l'abri de la plus haute. Quelques orchidées, en même temps que les longues tiges du poivrier de Clusius et les tiges sarmenteuses du *Culcasia scandens*, s'accrochent au tronc des arbres, mélangés à de nombreuses mousses et à des champignons qui recouvrent aussi le sol et le bois mort. Ces galeries existent partout où l'on trouve un cours d'eau coulant sur la roche. Au delà des galeries s'étend sur tout le plateau une végétation assez dense, quoique subissant annuellement l'action des incendies de brousse. Les touffes du bambou d'Abyssinie y forment de grandes taches et ses chaumes, la plupart desséchés, couvrent des centaines d'hectares à l'exclusion de toute autre végétation; le Vouapa, les Afzelia, les Daniella et d'autres légumineuses arborescentes forment parfois des futaies assez étendues. La brousse claire (le Bush de Schweinfurth) avec des arbres au tronc tordu y est l'exception. C'est aussi cette contrée qui est de beaucoup la plus riche en produits naturels : les lianes à caoutchouc du Soudan et surtout les lianes naines (lianes des herbes donnant du caoutchouc dans leurs racines) y sont fréquentes. Dans les galeries on trouve le caféier sauvage (*Coffea excelsa*) découvert par la mission, un poivrier, le palmier à huile, etc.

C'est aussi sur ces plateaux que sont établis les villages des Bandas et des Kreichs, et lorsque les Baguirmiens islamisés et les Rabistes sont venus conquérir cette contrée, ils ont eux-mêmes construit leurs villages sur les bords de ces plateaux, et souvent dans les déchirures qui sont fréquentes à l'entrée de la plaine.

Cette plaine, où coulent le Bamingui et le Bangoran, après être sortis du haut plateau ainsi que toutes les rivières du Mamoun dont nous avons parlé précédemment, constitue la seconde région du Chari Oriental. La végétation est d'une très grande monotonie, le pays est faiblement irrigué; le lit des petites rivières qui y coulent ne contient plus d'eau à la saison sèche; le Bangoran lui-même s'assèche et le Boungoul, qui forme un fleuve majestueux à la saison des pluies, n'est plus qu'une modeste rivière à l'époque où nous l'avons traversé, c'est-à-dire à partir du mois de mars.

Au bord de cette plaine, le haut plateau vient mourir souvent brusquement, en formant des falaises abruptes diversement déchiquetées, mais ayant une direction générale, le nord-nord-ouest; ces falaises dominent la plaine de 5o à 80 mètres et ont une altitude comprise entre 670 et 770 mètres. C'est dans une anfracture de ces falaises que le sultan Snoussi a élevé sa capitale Ndellé, dont les habitants sont quelques Arabes ayant suivi sa fortune et surtout un nombre considérable d'esclaves enlevés de toutes les peuplades environnantes, qui se sont trouvées ainsi décimées. La population de Ndellé ne s'élève pas toutefois à plus de douze mille habitants, et la population de l'ensemble des États ne s'élèverait pas à plus de 40,000 habitants, répandus sur une étendue de 30,000 kilomètres carrés, mais le territoire sur lequel le sultan exerce sa domination comprend environ 50,000 kilomètres carrés, dont les deux tiers inhabités.

3° CHARI MOYEN. — Entre le 9° et le 10ᵉ parallèle s'étend une région basse où convergent de très nombreuses rivières, en particulier celles dont nous avons parlé précédemment, rivières qui, au moment des crues, s'étendent sur tous les pays environnants et forment une vaste inondation où les eaux libres et les marais couvrent presque autant de place que les terrains habitables. À l'est du poste de Fort-Archambault, chef-lieu de cette contrée, établi sur le-bord du Chari, nous avons parcouru un itinéraire de trois cents kilomètres environ au cours duquel nous avons visité les rochers granitiques de Niellims, et les riches régions du pays Sara occidental sur lequel Maistre avait déjà attiré l'attention. Nous avons visité cette région spécialement entre les rochers de Niellims et Goundi, puis de Palem à Daï, et de ce point nous sommes revenus à Fort-Archambault.

La plus grande partie de cette contrée est une brousse défrichée; les villages sont situés près des rivières ou sur des coteaux sablonneux fertiles; les cultures du sorgho et de plantes vivrières indigènes : les doliques de Chine, l'arachide, le pois souterrain, les sésames, les courgettes à huile, sont parfaitement entretenues; la terre est labourée et sarclée avec soin, les champs sont ombragés de beaux arbres qui leur donnent l'aspect de magnifiques vergers. On se croirait vraiment dans la boucle du Niger, en plein pays Bambara, dans la riche bande agricole comprise entre Bammako et Djenné.

Les Saras possèdent une race de petits chevaux assez vigoureux et résistants, qu'ils élèvent avec beaucoup de soin. Malheureusement; ce pays est dépourvu de ressources forestières naturelles qui pourraient déterminer un courant commercial d'exportation. Les éléphants ont en effet presque disparu et nous avons reconnu que les plantes à caoutchouc sont à peu près absentes dans l'Afrique centrale, au nord du 9ᵉ parallèle. À l'est de Fort-Archambault, nous avons visité une région habitée par des peuplades analogues aux Saras. Cette contrée, dans laquelle coulent le Boungoul et le Bahr Salamat et dans laquelle est situé le lac Iro, était presque inconnue au point de vue géographique avant les itinéraires que nous y avons suivis.

Nous avons déjà parlé du régime du Boungoul, qui ne renferme qu'une faible quantité d'eau en saison sèche. Le Bahr Salamat, qu'on rencontre plus au nord, ne contient même plus d'eau dans son lit une grande partie de l'année; c'est pourtant la seule rivière originaire du Ouadaï qui amène encore chaque année un peu d'eau au Chari. Ce n'est qu'un « ouadi », constitué par un vaste lit fluvial, ayant à hauteur du lac Iro 200 mètres de large et des berges de 5 mètres taillées dans l'argile. L'eau y coule 4 ou 5 mois seulement et, pendant quelques semaines à peine, les grandes pirogues peuvent y circuler. Plus tard le lit s'assèche complètement ou se retire, formant par places des chapelets de mares parfois assez profondes pour que des hippopotames y restent toute l'année. Cette rivière coule dans une immense plaine nue, au sol argileux, imperméable, rempli de crevasses et de dépressions; à la saison pluvieuse, l'eau s'accumule et transforme en marais et étangs toute la contrée. Le plus vaste réservoir de ce genre est le lac Iro, situé à 7 kilomètres au nord du Bahr Salamat. Ce lac, que Nachtigal avait vainement cherché à approcher, est d'accès très difficile à la saison des pluies pendant laquelle nous l'avons visité, par suite de l'existence de vastes marais remplis de vase et de plantes aquatiques.

En outre, les habitants, constamment razziés par les Ouadaïens, sont extrêmement défiants; ces indigènes appartiennent à la race Koulfé et Goulla et forment une douzaine de tribus tout à fait indépendantes les unes des autres.

Entre le Bahr-Salamat et le Boungoul, dans une région également inexplorée avant nous, se rencontrent des coteaux sablonneux, fertiles, analogues à ceux du pays des Saras de l'Ouest. C'est le pays des Djingués, des Ngakés et des Mbangas.

Le Baguirmi. — Au nord du Bahr Salamat s'étend la grande
plaine du Baguirmi, aujourd'hui presque déserte, parsemée dans le
sud de pitons granitiques qui émergent au-dessus de la plaine.
Cette dernière est presque partout argileuse, stérile, renfermant
dans sa flore des arbres épineux. Presque partout le sol ne peut
être cultivé parce qu'il est formé presque exclusivement d'argile;
du reste, ces grandes plaines deviennent d'immenses marais à la
saison des pluies. Le Baguirmi est très mal irrigué; on n'y rencontre, en dehors des bras du Chari, que des tranchées nommées
minias qui se remplissent d'eau à la saison des pluies, mais sont
la plupart complètement asséchées pendant une grande partie de
l'année. Dans cette région, nous avons d'abord parcouru le pays
traversé par le Bata-Lairi et le Bahr Erguig. Nous avons longé ce
curieux ancien bras du Chari qui n'est plus aujourd'hui qu'un
chenal recevant et laissant couler de l'eau seulement pendant quelques semaines, et en le suivant, nous sommes parvenus à Tjecna,
la capitale actuelle du Baguirmi. De Tjecna, nous avons visité les
principaux centres agricoles du Baguirmi Nord, Massenya, ancienne
capitale du Baguirmi, aujourd'hui complètement anéantie, Abou-
Gher, Mandjafa. Enfin plusieurs itinéraires dans des contrées
parcourues peu de temps avant nous par les officiers du territoire
militaire du Tchad nous ont conduits dans la région du lac Fittri
et de l'ancien lac Baro, ce dernier asséché depuis trois siècles
environ. Ce pays a été couvert autrefois d'un réseau serré de canaux
qui mettaient en rapport les uns avec les autres tous les bras orien-
taux du Chari, le Bahr Erguig, le Bata-Lairi, ainsi que la rivière
orientale du Baguirmi nommée Bahr Bourda, et le Bata du Ouadaï,
grand fleuve réduit aujourd'hui au rôle de ouadi, presque toujours
asséché. Ce vaste estuaire se prolongeait par la plaine de Bahr-el-
Ghazal jusqu'au cœur du Sahara. Il est même probable qu'à
l'époque préhistorique ce grand fleuve, après avoir contourné à l'est
le Borkou et traversé le désert, s'en allait tomber comme le Nil
à la Méditerranée. Il existe dans tout le nord du Ouadaï et dans
toutes les régions avoisinantes de très nombreux gisements de
pierres taillées, et d'un autre côté, à l'est du Nil, Schweinfurth
vient de découvrir de très riches foyers des mêmes objets, « dé-
passant en beauté et en abondance, m'écrit-il, tout ce qui a
été trouvé jusqu'alors en Europe ». Ces découvertes semblent
indiquer que sur les bords du Nil, comme sur les bords

de ce fleuve disparu, florissait une civilisation à l'époque néo-lithique.

Toute cette contrée est en train de s'assécher et l'assèchement du lac Tchad lui-même n'est plus qu'une affaire de siècles; le retrait des eaux qu'on constate de nos jours n'est pas d'ailleurs régulière-ment progressif. À la suite de plusieurs années consécutives de pluies abondantes, le Tchad est sorti à plusieurs reprises de son lit habituel, inondant de grands espaces et mettant ensuite plusieurs années à se retirer.

LE LAC TCHAD. — Le lac Tchad était le point terminus de la mission que nous avions à accomplir. L'importance de cette grande nappe d'eau a été beaucoup exagérée. Le Tchad n'est pas un lac à proprement parler; c'est un plexus de bras du Chari, qui allait, par le Bahr-el-Ghazal dont nous avons parlé, serpentant autrefois dans le désert Libyque, passant probablement au sud-ouest du massif du Tibesti, se perdre finalement dans le golfe de la Grande Syrte.

Nous avons parcouru la partie sud-est du lac, constituant l'ar-chipel Kouri, et les constatations, ainsi que les renseignements que nous avons recueillis, ne laissent pas de doute sur l'assèchement progressif du lac, dont le niveau avait baissé de 1 m. 50 à 1 m. 80 en un an, mais qui a dû recevoir, après la crue, un apport qui a élevé de nouveau son niveau. À mesure qu'un chenal du lac cesse de communiquer avec la grande masse d'eau, il se produit un bassin d'évaporation; l'eau devient saumâtre, et en se desséchant abandonne peu à peu sur les rives des dépôts de carbonate de chaux, de carbonate et sulfate de soude et un peu de chlorure de sodium. Alors que la nappe du lac renferme de l'eau douce, tous les terrains environnants sont salés et natronnés. Dans le lac on rencontre des hippopotames, beaucoup de crocodiles inoffensifs, et quelques lamantins de Vogel existent encore sur la côte du Bornou. Toute la partie orientale est occupée par des îles qui représentent environ le tiers de la surface de cette région. À l'ouest des îles se trouve une ceinture de hauts-fonds vaseux couverts de plantes aquatiques telles que le papyrus et le herminiera.

La richesse et la population des îles du Tchad ont été très exa-gérées. Le nombre des habitants ne dépasse pas 12,000 à 15,000. Cette population est en décroissance. Quant aux troupeaux de bœufs et de moutons vivant dans les îles, ils sont aussi des plus modestes.

A l'est et au nord du Tchad commence la région désertique, et le Kanem, que nous avons parcouru dans sa partie sud, n'est déjà plus qu'une dépendance du Sahara. L'eau y tombe en quantité très minime; les dunes de sable incultes et nues y couvrent une grande partie des contrées. Quelques petites oasis comme celles de Mao, Ngouri, Bir-Alali, habitées par de misérables villages kanembou, sont les seuls lieux privilégiés où l'on trouve encore des traces de végétation arborescente. Les puits donnant des eaux potables se font rares et presque partout on ne rencontre en les creusant que des eaux saumâtres, indigestes ou purgatives, souvent saturées de carbonate ou de sulfate de soude.

Les populations berbères y font leur apparition dans la grande dépression du Bahr-el-Ghazal, où nous avons pu pousser une pointe, chez les Krédas, qui venaient d'entrer en contact avec notre administration lorsque nous avons pu entamer des relations avec eux.

En résumé, les contrées de l'Afrique centrale parcourues par la mission Chari-Lac-Tchad sont les suivantes :

Au sud, des plateaux dont l'altitude moyenne est comprise entre 4oo et 8oo mètres, qui présentent dans leur végétation et leur faune et dans leur constitution géologique tous les aspects des pays de la Guinée. Ils appartiennent à la zone que nous avons désignée sous le nom de zone guinéenne. Plus au nord, du 7e au 10e degré, s'étend la zone soudanienne, caractérisée par des plateaux ferrugineux arides, de grandes plaines cultivables, une brousse couverte de quelques espèces ligneuses abondantes, telles que le karité (Bassia), le nété (Parkia), le lophira, qui donnent au pays l'aspect d'un parc, les arbres étant distants de 1o à 15 mètres les uns des autres. Enfin, plus au nord, du 10e au 13e degré, est la zone sahélienne; elle forme l'intermédiaire entre les riches plaines du Soudan et les contrées arides du Sahara. Semée de végétaux épineux, rabougris et souvent très espacés, couverte d'une faible végétation herbacée à la saison des pluies, elle est d'une pauvreté désespérante. Les peuples pasteurs seuls y peuvent faire vivre leurs troupeaux pendant les quelques mois que dure la saison des pluies. Le sol, tantôt argileux, tantôt sablonneux, est d'une grande aridité, et l'absence d'humidité pendant plus de huit mois ne permet pas d'espérer que l'on puisse jamais tirer grand parti de ces contrées.

À partir du Kanem, on pénètre dans une région qui est nettement le Sahara, et les eaux du Tchad permettent seules de cultiver dans les îles de ce lac quelques champs de sorgho et de pouvoir alimenter le bétail pendant les huit mois de l'année où il n'y a pas trace de végétation herbacée, en dehors du bord des eaux et des fonds marécageux des Ouadi.

HISTOIRE.

Comme tous les pays fétichistes de l'Afrique, les territoires du Haut Chari et du Haut Oubangui n'ont pas d'histoire à proprement parler. Pendant tout le XIXe siècle, les peuplades de ces régions se sont dépensées en luttes d'un village à l'autre, luttes qui ont considérablement décimé la population. En outre, dans la même période, les trafiquants d'esclaves du Soudan égyptien ont pénétré jusqu'au cœur de l'Afrique et mis en razzia ces contrées, de sorte que les ruines observées sur toutes les routes que nous avons suivies sont immenses.

Nous avons pu recueillir, de la bouche des indigènes les plus âgés, quelques renseignements sur les principales luttes que les villages fétichistes traversés ont eu à soutenir dans les cinquante dernières années.

Ce n'est qu'à l'arrivée du sultan Rabah dans la région du Haut Chari et du Chari Moyen qu'a commencé véritablement la désagrégation de l'organisation sociale de toutes ces peuplades et la ruine presque absolue de ces régions.

À partir du 10° parallèle, on commence à rencontrer une infiltration de populations islamisées. Ces peuples sont eux-mêmes très primitifs; leurs marabouts sont ignorants et c'est à peine si l'on rencontre quelques rares lettrés sachant lire le Coran. Aussi n'avons-nous pu trouver en aucun point de notre voyage des chroniques écrites sur les contrées avoisinant le Tchad.

Dans l'entourage du sultan Snoussi et du sultan Gaourang (sultan du Baguirmi), nous avons toutefois rencontré des musulmans qui ont été mêlés, dans les vingt-cinq dernières années, aux luttes qu'a soutenues Rabah contre les peuplades fétichistes d'une part, et, d'autre part, contre les États musulmans organisés environnant le Tchad. C'est de cette source que nous viennent les quelques renseignements suivants :

Rabah, dont la véritable appellation est Rabi, est incontestablement un ancien lieutenant de Ziber Pacha; sa fortune a commencé au moment de la capture de ce chef par les troupes anglo-égyptiennes. Il est inexact qu'après la défection des troupes de Ziber, Rabah soit allé s'installer au Borkou; c'est au contraire dans la partie la plus méridionale du territoire dont nous nous occupons, territoire où il avait déjà acquis une grande autorité au cours des expéditions faites pour le compte de Ziber, qu'il porta ses premières armes.

Il existait, vers 1880, au sud du Ouadaï, dans la partie nommée Dar-Rounga et Dar-Banda, plusieurs sultans indépendants les uns des autres. Ces sultans étaient d'ailleurs plutôt des trafiquants d'esclaves qui commerçaient avec Ziber ou bien avec de gros djellaba (marchands d'esclaves) du Ouadaï et du Darfour. Les trafiquants du Dar-Rounga étaient des sortes de chefs de Zéribas analogues à ceux que Schweinfurth nous a appris à connaître.

Déjà, à cette époque, vivait dans le Kouti le père de Snoussi, qui était venu du Baguirmi pour trafiquer des esclaves et de l'ivoire. Ce Baguirmien, nommé Abou-Bakar, était apparenté à la famille régnante du Baguirmi, avec laquelle il commerçait. Il était aussi en rapports avec Ziber-Pacha.

Ziber disparu, tous ses lieutenants, Rabi et les autres, se groupèrent autour de Souleyman-bey, fils de Ziber; puis lorsque Souleyman eut été attiré dans un guet-apens par les troupes égyptiennes et mis à mort, tous les lieutenants de Ziber se dispersèrent. De cet événement date la fortune de Rabah.

Rabi, qui, pour le compte de son maître, avait parcouru le pays des Kreichs et des Bandas, ainsi que le Darfour, et qui connaissait parfaitement tous les chefs, expédia des courriers dans toutes les directions pour leur dire de revenir. Quand ils sont tous rassemblés, il les exhorte à s'unir à lui afin d'être forts et de pouvoir lutter contre la pénétration européenne.

Dès cette époque, Rabi entretient des relations très suivies avec le Ouadaï; il y achète des fusils, de la poudre, des capsules, et il vient lui-même, en personne, à plusieurs reprises. Le sultan Youssef du Ouadaï, inquiet de l'armement de son voisin, interdit à ses sujets de vendre des armes et des munitions à Rabi, mais les commerçants continuent à lui vendre de la poudre qu'ils dissimulent dans des bâtons évidés.

Vers 1886, Rabi vient s'établir chez les Taachis, entre le Darfour et la Dar-Rounga. À ce moment, l'aguide des Salamats est à Ammartiman, où il est venu prélever l'impôt pour le compte du Ouadaï. Rabi l'attaque et lui inflige une sérieuse défaite; ensuite, pendant plusieurs années, il rayonne à travers toute la contrée située au sud du 10ᵉ degré, razziant tous les esclaves partout où il passe. C'est ainsi qu'il occupe le Kouti et le Rounga. À cette époque le sultan du Rounga avait une autorité qui s'étendait sur tous les trafiquants dont nous avons parlé précédemment, en particulier sur le sultan Koubeur et sur le sultan Snoussi qui avait succédé à Abou-Bakar.

Rabi déposséda Koubeur et donna le gouvernement de tout le Kouti à Snoussi auquel il remit quelques fusils à charge de lui fournir des captifs et de l'ivoire. Tranquille de ce côté, Rabi rayonna chez tous les païens du Haut Chari, subjuguant les Kreichs, les Ngaos du Gribingui, les Koulfés et les autres Goullas du Iro, les Ndoukas, les Fagnias.

Rabi était à Denzi, chez les Kabas, tout près de Simmé, lorsqu'il apprit l'arrivée de la mission Crampel au Kouti. La lettre de Snoussi lui annonçant cet événement était libellée en ces termes :

« Un blanc vient d'arriver au Kouti par le Dar-Banda; il dit qu'il ne vient pas pour faire la guerre, mais il veut voir le Chari et les fleuves du Ouadaï, il est porteur de marchandises, de beaucoup de fusils. Faut-il le laisser continuer sa route ou s'emparer de sa personne, ce qui nous mettrait en possession de ses armes ? »

Rabi aurait répondu qu'il fallait s'emparer des fusils par n'importe quel moyen. On sait ce qui arriva. Snoussi fit assassiner traîtreusement Crampel au moment où il se mettait en route pour le Ouadaï, ou, plus probablement, pour aller vers Rabi lui-même, et au moment où il allait traverser la rivière Djangara. Nous avons retrouvé des survivants de ce drame qui nous ont raconté les principaux détails. Ceci se passait vers le mois de mai 1891.

On sait que la mission Dybowski, chargée de renforcer Crampel, atteignit le Dar-Banda en novembre 1891, mais elle ne put entamer aucune relation avec Snoussi et la bande à laquelle elle se heurta était une troupe de quelques razzieurs d'esclaves, qui n'avait vraisemblablement pas pris part à l'affaire du Djangara.

Sur ces entrefaites, Rabi quittait Denzi pour se rendre chez les Niellims que commandait le chef Kadi, père du sultan actuel. Il le défait et se porte ensuite au pays des Ndamms dans le village de Ndamm-Phong. Il était là lorsque passa, à Palem, la mission Xavier Maistre, pour se rendre à la Bénoué. Le village de Palem n'étant situé qu'à une centaine de kilomètres du point occupé par Rabi, ce dernier fut informé certainement du passage de la mission française, mais il se garda bien d'aller l'inquiéter.

Cette même année, le sultan du Baguirmi, Gaourang, vint s'établir à Bargna, chez les Sarrouas, au bord du Moyen Chari, dans la région où razziait Rabi. Celui-ci, après avoir chassé l'alifa de Korbol, fait des menaces à Gaourang et vient, au commencement de 1893, l'attaquer à Bargna. Gaourang s'enfuit à Mandjafa, tandis que Rabi retourne de nouveau se fixer à Ndamm pour, de là, faire des razzias chez les Somraïs.

C'est à partir de cette époque que commencent les attaques incessantes contre tous les villages soumis au Baguirmi. Partout où passent les soldats rabistes, ils allument les incendies et accumulent les ruines.

Vers 1894, le sultan Gaourang est assiégé dans Mandjafa; le siège dure plusieurs mois et est des plus meurtriers, et Gaourang lui-même ne parvient à en sortir que très difficilement. Les Baguirmiens allèrent se réfugier à Koussri, et de là à Mara, dans le Bournou. Rabah les y poursuit, il attaque en outre le sultan du Logone. Enfin, peu de temps après, il s'emparait de la célèbre ville de Kouka, la capitale du Bornou, qu'il mettait au pillage. Puis il alla occuper la ville de Dikoua, qui devenait le chef-lieu de l'empire qu'il constituait au sud du Tchad. Les habitants du Baguirmi et leur sultan, réduits à la misère, faisaient appel à l'appui du Ouadaï pour résister aux dernières tentatives de Rabi, lorsqu'un événement tout à fait inattendu se produisit au cœur de l'Afrique. C'était l'arrivée, par le bateau à vapeur le *Léon Blot*, de la première mission Gentil. Il est inutile de rapporter tous les faits qui se sont succédé dans cette contrée depuis cette époque; ils sont intimement liés à l'histoire de l'occupation française de ce territoire.

ETHNOGRAPHIE.

Quatre grands groupes de peuplades se partagent les territoires que nous avons parcourus entre le Haut Oubangui et le lac Tchad. Ce sont :

1° Les populations anthropophages qui vivent dans les territoires dépendant du bassin du Congo (Haut Oubangui) et dans les hauts affluents du Chari;

2° Les peuples ayant déjà une demi-organisation sociale qui vivent au nord de ces contrées et au sud du 11ᵉ parallèle;

3° Les peuples plus ou moins islamisés qui ont constitué autrefois des empires prospères dans les régions du Tchad, empires aujourd'hui en état de désagrégation;

4° Enfin, au contact du Tchad, et surtout plus au nord, on commence à rencontrer des peuples de race berbère.

Premier groupe. — La race la plus importante du Haut Chari et du Haut Oubangui est la race Banda. Nous avons acquis des preuves indiscutables que les nombreuses peuplades appartenant à cette race subissent depuis longtemps un exode les poussant de l'est à l'ouest. Leur pays d'origine serait probablement les hauts plateaux situés aux confins des trois bassins, Congo, Chari et Nil, où l'on retrouve, spécialement dans le pays de Snoussi, des grottes nombreuses qui portent des traces certaines d'habitations troglodytes.

Formant un peuple essentiellement terrien, les Bandas ont négligé de s'installer le long des rives du Haut Oubangui, qu'ils ont laissées aux populations forestières du groupe Niam-Niam (Banziri, Yacoma, Bondjo, etc.). Le nombre des tribus qui composent ce groupe ethnique est très grand et on ne s'en étonnera guère en songeant que les déplacements successifs, les compétitions et les nécessités de la lutte contre l'invasion des trafiquants arabes ont amené beaucoup de fractionnements répétés, si bien qu'un village peut à lui seul constituer une petite tribu à laquelle il prête son nom. Parmi les groupes les plus importants, nous citerons les Moroubas, les Tambagos, les Mbrés, les Ngaos, les Ngapous, les Mbagas, les Kas, les Nbis, les Langouassis, les Togbaos, les Mbrous, les Ndés, les Gabous, et le groupe aberrant des Ndrés de Bangui. M. le docteur Decorse poursuit en ce moment l'étude ethnique de ces populations à l'aide de nombreuses mensurations qu'il a recueillies dans le pays. Les Bandas sont avant tout des cultivateurs et des chasseurs; ils sont tous anthropophages, beaucoup plus par fétichisme rituel que par nécessité. C'est en effet à la suite des combats de village à village que les cadavres des vaincus sont dévorés par les vainqueurs.

Les signes ethnologiques sont assez variables et inconstants. Cependant on peut noter qu'ils se taillent en pointe les incisives supérieures. Ils se percent le lobe auriculaire, les narines, ainsi que la lèvre supérieure. Les tatouages sont excessivement rares. Les femmes se percent en outre la lèvre inférieure. Hommes et femmes garnissent ces trous de bijoux assez spéciaux consistant en petits cylindres de bois, ou simplement en fétus de paille, ou enfin en bijoux travaillés. Les uns sont des anneaux de cuivre ou d'étain qui pendent sur l'aile de chaque narine, des rondelles de bois re-couvertes d'étain qui sont enfoncées dans la lèvre supérieure. Les femmes portent dans la lèvre inférieure de longues aiguilles de cristal de roche taillées par éclatement, puis usées, amincies et polies par frottement sur la poussière de quartz ou sur des plaques de même roche.

L'état social de la femme, quoique inférieur, est beaucoup moins triste qu'on ne pourrait le croire. Une femme est considérée avant tout comme un objet de luxe quand elle est jeune, comme un signe extérieur de richesse quand elle est devenue adulte, et es-timée en raison du nombre de ses enfants. Elle s'occupe de tous les travaux de la famille et participe à la culture, mais l'homme se réserve en général les gros travaux de défrichement et de labou-rage. Les esclaves, quand ils existent, sont généralement exclusi-vement des captifs de case. A la suite d'une guerre, les hommes razziés sont considérés comme des articles d'échange; ils sont vendus à d'autres peuplades ou au sultan Snoussi, ou aux autres sultans du Haut Oubangui. Parfois ils servent à payer les amendes à des chefs de village ou à constituer des dots destinées à l'achat des femmes. L'organisation de la famille est toute primitive; l'au-torité du chef de famille est incontestée. Dès qu'un homme est en état de se suffire à lui-même, il a le droit de se constituer une famille propre. Chez les Bandas, comme chez tous les fétichistes, le régime de la polygamie est de règle; l'adultère et le divorce sont régis par des coutumes locales. L'autorité des chefs de village ou des chefs de tribus est absolument relative; leur pouvoir est nul.

La plus puissante autorité appartient incontestablement à certains sorciers très redoutés.

Les Bandas habitent des cases rondes construites avec une charpente de pieux fixés en terre et réunis à l'extrémité; des traverses sont fixées tout autour et recouvertes de paille; l'aire de la construction est creusée de o m. 25 à o m. 5o et la terre rejetée à l'extérieur sert à former une petite muraille de o m. 5o de hauteur qui englobe et consolide le pied de la charpente. Le toit en paille est surmonté d'un petit piton dont la forme et l'ornementation diffèrent selon les tribus. Le travail du fer se fait avec une certaine habileté par les forgerons qui existent dans presque tous les villages. Les armes sont la sagaie en fer triangulaire ou en feuilles de laurier à douilles fréquemment barbelées; des couteaux de jet à lame principale courbe portant dans sa concavité et sur sa convexité des lames divergentes accessoires. Les Bandas font usage de l'arc, leurs flèches ne sont pas empoisonnées, les pointes sont en fer barbelé et montées au moyen de fil de caoutchouc ou de coton. Ils ne connaissent pas l'art de filer le coton, mais ils se fabriquent des pagnes en battant l'écorce d'une espèce de Ficus. Les instruments de musique sont les tam-tams de toutes tailles, les grelots, les sonnailles, etc. Leur principal commerce consiste en échange d'esclaves; ils trafiquent aussi des armes et du fer avec les populations Niam-Niam pour se procurer le « Bois rouge » avec lequel ils s'enduisent le corps d'une couleur rouge brique qui leur donne un aspect repoussant.

Les Mandjias constituent le second grand peuple du territoire du Haut Chari et du Haut Oubangui. Vivant primitivement dans la région occupée maintenant par les Bandas, ils sont réduits aujourd'hui à un état de misère lamentable, refoulés dans les contrées les plus ingrates et ne pouvant plus posséder ni bétail ni volaille; ils n'ont même plus la stabilité suffisante pour se livrer à la culture de quelques plantes vivrières. Les principaux groupements se trouvent aux environs de Fort-Crampel, puis sur les bords de la Fafa, affluent du Gribingui.

Leur civilisation semble être en état de répression, mais elle a été certainement plus avancée que celle des Bandas. Leurs forgerons sont extrêmement habiles. Comme les Bandas, les Mandjias sont anthropophages. Ils ont été razziés autrefois par Rabah et, plus que tous les peuples du Haut Chari, ils ont souffert de notre occupation par suite de leur instabilité. Exploités en effet par les Bandas, ils n'ont pas trouvé jusqu'à présent dans notre Administration un appui suffisant leur permettant de réorganiser peu à peu leur état social et de ressaisir leurs traditions.

Dans le pays de Snoussi, on trouve un assez grand nombre de peuples en voie de disparition sur lesquels nous avons recueilli d'assez nombreuses données qui ne peuvent trouver place ici. Ces peuples sont les Kreichs, les Sabangas, les Nsakaras (ces derniers appartenant plutôt au territoire du Haut Oubangui), les Roungas, etc.

Dans la région comprise entre Fort-Crampel et le 11e parallèle, on rencontre des séries très nombreuses de peuplades qui, jusqu'à ces derniers temps, ont été des plus mal connues. On trouve d'abord des populations à caractères mixtes et provenant probablement d'un mélange des races du Nord avec les Bandas. La première peuplade nettement distincte que l'on rencontre en venant du Sud est celle des Létos, dont on a fait Arétous et Routous. Puis, autour de Finda, les Tanès et différents petits groupes qui se reconnaissent comme congénères du groupe principal, le groupe Tané. Or, Tané, d'après le docteur Decorse, est le nom par lequel les étrangers, spécialement les Bandas, désignent les Ndoukas; les Létos et les Tanés sont par conséquent parents des Ndoukas. Il semble que ces Létos n'aient pas été de toute antiquité cantonnés sur la rive gauche du fleuve Gribingui. Le centre de la population est le village de Ngara, situé à l'est du Bamingui et au sud du Bangoran. Les Létos sont en contact direct avec les Ndoukas du pays de Snoussi. Ce groupe Ndouka, comprenant en outre les Valés, les Koungouas, les Ngamas, etc., constitue certainement un peuple très spécial, ayant sa langue, ses traditions, ses habitudes ethniques, ses armes, et il diffère essentiellement du groupe Banda par ce fait qu'il n'est pas anthropophage. Certains individus se sont adaptés nettement dans le pays de Snoussi aux habitudes de l'Islam. En contact avec le groupe Ndouka, on rencontre, à partir du confluent du Bamingui et du Gribingui, tout un groupe de populations qui ont été désignées sous le nom assez imprécis de Saras. Sauf pour quelques groupes qui acceptent cette désignation, la plupart des tribus la récusent et considèrent même l'appellation comme un terme de mépris. D'ailleurs, sous le nom de Saras, les Baguirmiens désignent les populations situées les unes sur la rive droite du Chari, les autres sur la rive gauche, à une assez grande distance les unes des autres et différant très notablement par leurs usages et leurs caractères ethniques. D'autre part, le terme de Sara n'est jamais employé seul, mais toujours accolé à un nom spécifique. Les Arabes, par exemple, appellent une partie des gens de la rive droite du Chari : Saras Kabas.

Comme l'a indiqué Maistre, il existe dans cette partie de l'Afrique une race nettement caractérisée par son indice céphalique, qui la range dans les sous-brachycéphales. Cette race, que nous continuons à appeler Sara, doit représenter une population aborigène. Elle a eu à résister à l'influence des races plus orientales, qui se distinguent par leur dolichocéphalie.

Du mélange de cette race avec les immigrants sont nés des groupes intermédiaires chez lesquels on semble trouver un indice céphalique de plus en plus élevé à mesure que l'on envisage des tribus dont le mélange a été facilité par un voisinage plus immédiat.

M. le docteur Decorse s'est occupé d'une façon toute spéciale de l'étude de ces peuplades. Il a trouvé que l'indice céphalique moyen des Saras de l'Ouest est de 81.79 (90 observations), celui des Saras de l'Est n'est que de 79.85 (19 observations); comme intermédiaires, on trouve les Kabas donnant 80.39 (52 observations). Il ne faut rien conclure de ces chiffres, qui peuvent n'être qu'une simple coïncidence, mais la sériation des indices semble de nature à confirmer l'hypothèse formulée plus haut. Les émigrants seraient donc venus de la région nilotique.

De tous les pays que nous avons traversés, ceux occupés par les Saras sont les plus peuplés. Les villages, souvent très considérables, sont assez bien groupés au milieu de cultures étendues de sorgho, et placées soit au voisinage de cours d'eau soit dans des plaines fertiles, à une grande distance des rivières. Les habitants sont presque uniquement cultivateurs, et les villages groupés auprès des rivières renferment presque toujours un noyau de pêcheurs plus ou moins nombreux, appartenant à des tribus différentes : Horos ou Tounias. La société Sara est assez bien policée. Les villages ont des chefs qui jouissent parfois d'une autorité réelle. Les hommes sont souvent d'une force herculéenne; les individus atteignant 1 m. 80 et 1 m. 90 de taille ne sont pas très rares. Ils fournissent aux peuples islamisés du Nord des esclaves de traite, excellents non seulement à cause de leur vigueur physique, mais aussi à cause de leur malléabilité et de leur habileté aux travaux agricoles. Les cases en paille sont groupées souvent dans des cours, entourées, comme au Soudan français, d'une enceinte en palissade ou en paille tressée qui circonscrit toutes les habitations d'un même chef de famille. Il y a toujours une plate-forme élevée à l'extérieur pour faire la sieste ou pour permettre aux femmes de faire la cuisine à l'ombre. Cette plate-forme sert de séchoir et de grenier. C'est aussi à l'abri de cette sorte de véranda que l'on reçoit les étrangers. Le costume, signalé par Maistre, est des plus curieux : les hommes portent pour tout vêtement un tablier en cuir de chèvre qui leur couvre seulement le bas du dos. Les femmes sont ordinairement complètement nues ou bien portent un assemblage de ficelles autour de la ceinture ou un léger bouquet de feuilles. Comme déformations ethniques, il est à noter que les hommes s'arrachent les quatre incisives médianes inférieures; ils portent des cicatrices faciales longitudinales sur le front, et souvent de petites cicatrices sous les yeux; de nombreuses cicatrices sur les bras et sur les épaules existent surtout chez les femmes. La coiffure est la suivante : les hommes ont généralement un chignon conique sur le vertex; quant aux femmes, elles ont la tête complètement rasée. Ces dernières se percent la lèvre supérieure d'un petit trou dans la rainure sous-nasale. Les Saras possèdent des chevaux qu'ils soignent avec beaucoup d'attention, car le cheval est la garantie de leur sécurité. Comme langue, les Saras ont un idiome appartenant vraisemblablement à la même famille linguistique que le Baguirmien. Elle est loin d'être homogène et varie d'un groupe à l'autre, de telle sorte que les indigènes de villages rapprochés se comprennent parfois difficilement. D'ailleurs, si le groupe Sara a dans son ensemble une origine unique, il n'en existe pas moins de grandes variations d'une région à l'autre.

On comprend encore sous la désignation de Saras, les Ndamms, les Toummoks.

À l'est du Chari se rencontre un second groupement ethnique que nous avons nommé les Saras de l'Est, qui n'ont d'autres rapports avec ceux de l'Ouest que d'avoir comme eux une taille élevée et des habitudes analogues. Ils constituent trois grandes familles : les Djingués, les Ngakés et les Mbangas, toutes les trois très appauvries depuis quelques années par les razzias incessantes des

Ouadaïens et de Snoussi. Vêtus comme les Saras de l'Ouest avec un tablier de cuir, ils portent aussi un tablier en avant. Les plus riches ont dés manteaux en bandes de coton filées et tissées au Ouadaï, achetés aux Salamats en échange de sorgho. Quant aux femmes, leur costume est des plus primitifs quand il existe, Il n'y a peut-être pas de race au monde où la femme arrive à se déformer le visage d'une façon aussi extravagante. Chaque oreille est garnie de 5 à 8 anneaux en cuivre superposés; les deux ailes du nez sont percées et garnies de fétus de paille ou de baguettes en bois. Mais c'est surtout la bouche qui prend une forme hideuse. Les deux lèvres sont percées de trous dans lesquels on introduit des rondelles de bois. La dimension de ces rondelles nommées « Soundou » est progressivement augmentée, et il arrive que celle de la lèvre supérieure mesure la largeur d'une soucoupe, et la rondelle introduite dans la lèvre inférieure peut atteindre la taille d'une petite assiette.

Il faut encore joindre au groupe appelé Sara, les Tounias et les Horos. Les Tounias (indice céphalique 82.07) et les Horos (indice céphalique 80.97) sont deux tribus assez singulières. D'un côté, les Horos font, politiquement parlant, partie du groupe Tounia, dont ils ont les mœurs et les coutumes, tandis qu'ils parlent le Kaba. Par contre, les Tounias, qui ont essaimé dans nombre de villages Saras, même loin des fleuves, ont avec les Saras de grands rapports au point de vue physique, quoique parlant un idiome différent. Actuellement les Tounias et les Horos sont principalement échelonnés sur les rives du Chari, entre Niellim et l'Irina, puis sur le Bahr-el-Azeg, enfin dans les villages Saras du Bahr-Sara.

Grands, forts et très musclés, les Tounias et les Horos passent leur vie à la pêche; aussi leurs villages changent-ils souvent d'emplacement, une partie de la population se déplaçant à de grandes distances pour les besoins de la pêche.

Le Moyen Chari est encore peuplé par un groupe que nous appelons groupe Boua, et dont font partie les Niellims quoiqu'ils en soient séparés au point de vue politique. Les mensurations faites par le docteur Decorse portent presque uniquement sur des Niellims, mais cette peuplade paraît avoir avec les Bouas les plus grands rapports comme mœurs et comme coutumes. Ils parlent un idiome très voisin et pendant longtemps ont vécu côte à côte en bonne intelligence. Les Bouas constituent une population remarquable par ses qualités physiques. Ce sont les plus beaux hommes de ces régions, supérieurs aux Saras à tous les points de vue. Ils joignent à ces qualités un tempérament belliqueux qui les fait redouter de tous leurs voisins, mais ils sont en lutte continuelle les uns avec les autres. Tous les groupes de Bouas qui avaient été mentionnés sur les cartes dressées à la suite des voyages de Nachtigal sont aujourd'hui disparus et remplacés par d'autres agglomérations. C'est probablement à ces groupes de Bouas que se rattachent les Tounias ou Noubas, que nous avons rencontrés au sud du Baguirmi et qui constituent un peuple essentiellement rupestre. Leurs habitations sont si minuscules qu'on les prendrait pour des ruches de paille et sont perchées dans des rochers inaccessibles; à la moindre attaque, hommes et femmes se réfugient au haut des rochers, dans les cavernes où il est impossible de les découvrir. C'est là aussi qu'ils cachent une partie de leurs provisions de mil, et qu'ils ont parfois des citernes contenant de l'eau en réserve. Plus au nord encore vivent les Sokoros, qui, bien qu'environnés de populations islamisées, sont restés fétichistes et indépendants, grâce aussi à la protection des rochers granitiques sur lesquels ils se sont réfugiés.

Les populations islamisées qui habitent le territoire compris entre le 10ᵉ degré et le Tchad appartiennent à plusieurs groupes, dont les principaux sont les Baguirmiens (ou Barmagués), les Ouadaïens, les Bournouans, les Kotokos, les Boulalas et leurs voisins les Koukas, les Kanembous, les populations des îles du Tchad (Kouris et Boudoumas), enfin les nombreuses tribus se disant arabes et désignées dans tous les pays sous le nom générique de Chouas. Ces populations ont été étudiées avec beaucoup de détails dès 1854 par le Dᵣ Barth et plus récemment par le Dᵣ Nachtigal. Nous avons recueilli quelques renseignements nouveaux sur ces populations, mais la comparaison de ces renseignements avec ceux recueillis par Barth et Nachtigal nous entraînerait trop loin.

Nous devons enfin dire un mot des races berbères qu'on commence à rencontrer à partir du Bahr-el-Ghazal, à l'estuaire oriental du Tchad, et qui rayonnent de là vers l'intérieur du Sahara. Nous nous sommes trouvés en contact pendant une semaine avec les tribus constituant l'agglomération Kréda, chez lesquelles nous avons recueilli les premiers renseignements précis sur les tribus qui composent ce peuple, sur ses habitudes et ses coutumes, enfin sur son organisation sociale.

SCIENCES NATURELLES.

1° Géologie. – Minéralogie. — Le continent africain est, comme on le sait, l'une des plus anciennes terres émergées. En dehors de la partie septentrionale occupée par l'Afrique Mineure et le Sahara, le nord du Soudan, on ne trouve la série des terrains secondaires et tertiaires que le long des côtes. Les documents sur ces terrains sédimentaires sont encore peu nombreux dans les collections. Pendant notre séjour au Sénégal, au début de la mission, nous avons pu trouver un beau fossile du groupe des oursins, l'*Echinolampas Goujoni*, aujourd'hui déposé dans les galeries de paléontologie du Muséum. Sa présence dans les sous-sols du Baol occidental, en Sénégambie, indique manifestement l'existence du calcaire grossier.

À Saint-Louis du Sénégal, nous avons pu aussi récolter dans les roches ramenées du forage d'un puits qui atteignait 320 mètres de profondeur au moment de notre passage un autre fossile : *Nummulites Ehrenbergi*, caractérisant l'éocène inférieur. Enfin, au centre de l'Afrique, à proximité du lac Tchad, nous avons rencontré des tufs entièrement pétris d'empreintes de Phragmites, analogues à l'espèce qui vit encore actuellement dans le lac Tchad, le *Phragmites arundinacea*. Ces tufs se sont déposés à une époque relativement récente.

Ces trois fossiles sont les seuls matériaux d'ordre paléontologique que nous ayons pu recueillir au cours de la mission.

Le centre de l'Afrique, à l'étude duquel nous nous sommes attachés, est en effet formé de roches très anciennes, qui sont en certaines places recouvertes de dépôts relativement récents, ne contenant pas de débris organiques.

C'est vraisemblablement à l'époque archéenne qu'il faut faire remonter les terrains qui forment le squelette des régions que nous avons parcourues au sud du 10ᵉ parallèle. Cette région, comprise entre l'Oubangui, le Ouadaï et le Baguirmi, offre partout l'aspect d'un immense plateau ondulé dont les altitudes vont en croissant à partir de l'Oubangui, dans la direction nord-est-est, et varient de 442 mètres (Fort-Sibut) à 611 mètres (Ndellé), pour atteindre le maximun de 827 mètres un peu au sud-est de Ndellé.

Des points culminants on aperçoit, s'estompant jusqu'à l'horizon, les lignes de plus en plus indécises des collines, puis, çà et là, des mamelons ou des rochers abrupts surgissant brusquement au-dessus de la plaine et des collines et s'élevant parfois de 5o à 1oo mètres au-dessus des régions environnantes. Ces rochers, mis à nu par l'érosion, sont constitués par des granits très variés, des gneiss, des quartzites micacés, des gneiss à grands cristaux, etc. Ces massifs se sont désagrégés sous l'influence de l'érosion et il est resté seulement des pitons formés souvent de calottes s'emboîtant les unes dans les autres. Ces pitons forment des mamelons sphéroïdaux de forme souvent irrégulière, nommés *kagas* par les indigènes de race Banda. Ces kagas sont très nombreux dans les régions élevées entre le bassin de l'Oubangui et le bassin du Chari. Ce sont les pics Do, Bandéro, Djé, Pongourou. Enfin citons les affleurements de Djomo et de Paoua, sur la lisière sud-est du Dekakiré, ainsi que le massif d'Andi. Partout où les quartzites micacés se trouvent en contact avec le granit, ils ont été métamorphisés, ce qui indique que la venue de ce granit est postérieure au dépôt des quartzites, qui sont généralement très fortement relevés.

Un autre granit à gros éléments s'observe en des points nombreux au Kaga Pongourou (Balidja), aux monts Niellims, au Dekakiré et dans tous les pays des Noubas. Les rochers qu'il constitue forment souvent de gigantesques pains de sucre élevés parfois de 2oo mètres au-dessus de la plaine et mesurant 4oo à 5oo mètres de diamètre à la base, qui est environnée de gros blocs ronds éboulés du sommet.

M. Courtet se livre en ce moment à l'étude minéralogique détaillée de tous les échantillons provenant de ces roches anciennes. Les granits des bords de la Tomi sont parfois riches en épidote; les gneiss qui s'étendent de Fort-Sibut à la ligne de partage des eaux sont souvent pyroxéniques, parfois pyroxéniques et amphiboliques, et on trouve au poste de Dekoua un important affleurement de granit à épidote. Le kaga bandéro est formé d'un gneiss auquel sont associées des leptynites ou de lits de gneiss pyroxéniques et amphiboliques. Non loin de là paraissent des quartzites à muscovite; dans le groupement de Balidja, des filons d'aplite et des granits à grains fins sont fréquents. Ils ont une direction nord-ouest-sud-est. Les quartzites micacés des environs de Ndellé contiennent des dykes de norite et de gabro. Les granits de Korbol sont traversés par des filons de microgranits à grands cristaux de microcline.

Enfin les roches de Hadjer-el-Hamis, sur les bords mêmes du Tchad, sont constituées par un dyke de rhyolite.

Tous les terrains éruptifs dont nous venons de parler datent probablement de l'époque primaire. Les grands cataclysmes de l'Afrique Orientale et du Cameroun, qui ont donné lieu aux volcans plus ou moins récents (Kenia, Kilimandjaro, Cameroun) et aux effondrements méridiens des lacs Tanganiyka et Rodolphe, etc., n'ont eu aucune répercussion au cœur de l'Afrique; les collines volcaniques signalées dans le pays Bagara, au centre du Darfour, par Felkin (1879) et portées sur la carte d'État-Major, ne sont probablement que des terrains granitiques mal observés par le voyageur anglais, non géologue. On ne doit accepter aussi qu'avec une très grande réserve l'opinion de Nachtigal suivant laquelle il y aurait des terrains volcaniques au Ouadaï. Il faut sans doute aller jusque dans l'intérieur du Sâhara, au massif du Tibesti, pour trouver des terrains volcaniques datant de l'époque quaternaire.

Les noyaux orographiques de l'Afrique étaient donc constitués dans la période primaire et atteignaient sans doute une importance dont nous pouvons difficilement nous faire une idée.

M. de Launay admet que l'érosion a abaissé l'altitude de l'intérieur de l'Afrique de 8,000 mètres; ce chiffre ne paraît point exagéré quand on considère la quantité d'alluvions qui ont dû être transportés dans les plaines du Soudan et du Sahara aux époques anciennes.

Après les éruptions de l'époque primaire, les phénomènes d'érosion et de transport d'alluvions sont les seuls qui semblent avoir joué un rôle capital dans l'histoire de l'intérieur du continent noir. Ils ont débuté à une période très reculée, vraisemblablement contemporaine des formations permo-carbonifères. C'est à l'activité de ces phénomènes que sont dus en effet les grès horizontaux de Ndellé et de la plupart des grands massifs de l'intérieur du Soudan, que l'on ne peut assimiler que par hypothèse (en l'absence de fossiles) aux formations du Karroo. Les grès horizontaux de Ndellé sont formés de bancs de grès fin souvent d'un rouge pourpre, parfois blanc jaunâtre, épais chacun de 0 m. 30 à 3 ou 4 mètres. Entre ces couches alternent des bancs de conglomérats nombreux. Tantôt ils sont formés par une pâte gréseuse, couleur lie de vin, enveloppant de petits galets de la taille d'une noisette, parfaitement polis et arrondis, tantôt ils sont constitués par une roche beaucoup plus gréseuse formée de gros grains de quartz mal cimentés et empâtant des galets très variables par leur dimension. Tandis que beaucoup de ces galets ont seulement la taille d'un poids, d'autres atteignent la grosseur de la tête. Ordinairement de forme sphéroïde, ils n'offrent jamais d'angles saillants, preuve qu'ils ont été charriés par des courants violents; les roches qui les constituent appartiennent à tous les terrains anciens du continent; ce sont : des gneiss, des roches porphyroïdes, des quartzites anciens, des schistes noirs, et même de gros blocs roulés provenant des parties anciennes du conglomérat lui-même.

Quant à l'épaisseur de ce conglomérat du Soudan, elle est considérable, puisque sur les plateaux des hauts affluents du Boungoul on trouve ce terrain de l'altitude 5oo mètres à l'altitude 8oo mètres. Les falaises de Bongolo ont 8o mètres de haut et sont entièrement taillées dans cette roche. Quant à la position géographique de ce terrain, elle se trouve presque toujours au voisinage des nœuds orographiques du Soudan, quand il ne les forme pas.

Ainsi il occupe le point culminant de l'Afrique centrale où convergent les bassins de la Kotto, du Mbomou, du Nil et du Chari. C'est à ces terrains qu'appartiennent vraisemblablement les régions accidentées parsemées de grottes rencontrées par le capitaine Lœffler, entre les bassins de la Sangha et du Bahr-Sara.

Dans la Guinée française, ils forment une partie des plateaux élevés du Fouta-Djalon. Au Soudan français, nous les avons rencontrés autrefois de Kita à Koulikoro, où ils constituent les hauteurs donnant naissance au Baoulé, une des artères principales du haut Sénégal. Des massifs analogues forment, de Bamako à Koulikoro, des falaises sur les bords du Niger. Les mêmes terrains se rencontrent encore au sud de Sikasso, à la limite du bassin du Niger et de la Comoé, où ils composent les rochers si pittoresques de Sindou.

On les rencontre encore au milieu de la boucle du Niger, au nord de Bobo-Diourasso, dans une région d'altitude relativement élevée.

Dans les plaines basses, au contraire, le grès horizontal fait totalement défaut et les roches qui font si fréquemment saillie au-dessus de vrais dépôts alluvionnaires du bassin du Bas Chari appartiennent toutes au granit ou à d'autres terrains éruptifs.

Il faudra donc admettre que ce grès horizontal s'est déposé dans de grandes nappes d'eau douce dont le lit était creusé dans les montagnes de roches anciennes qui formaient la charpente du continent africain. Les eaux charriaient violemment des blocs et des galets arrachés à ces massifs et les déposaient à flanc de montagne, dans des lacs d'eau douce étendus. Des périodes d'accalmie succédaient aux périodes d'affouillement, et, pendant ce temps, des particules de silice se déposaient au-dessus du lit de galets et donnaient alors naissance à des bancs de sable. Puis les chutes d'eau torrentielles revenaient, amenant de nouveaux blocs. Enfin, à mesure que les sommets étaient arasés, il subsistait à leur place et sur leur emplacement ces bandes alternatives de grès et de conglomérats qui, à leur tour, étaient ravinés et dont les débris étaient charriés plus loin.

A un long intervalle après la formation de ce grès horizontal du Soudan, postérieurement à la période tertiaire, du moins au Sénégal (voir le travail de MM. Cligny et Rambaud, dans la *Géographie*, 1901), les phénomènes que nous venons de décrire reparaissent avec moins d'intensité en Afrique et donnent naissance aux grès ferrugineux anciens (Latérite de la plupart des auteurs); leur mode de formation ressemble beaucoup à celui du terrain précédent. Ils se constituent aussi toujours autour des massifs rocheux, mais le charriage est beaucoup moins violent. Les fragments de roches qui constituent ces roches ferrugineuses ne sont parfois même pas roulés.

Tantôt ces dépôts se sont formés dans des lacs à fonds rocheux, fréquemment asséchés (c'est sous l'influence du ruissellement suivi d'évaporation rapide que, de nos jours encore, se forment des dépôts ferrugineux dans l'Afrique tropicale). Tantôt ces grès se sont déposés dans des lacs dont le fond était formé par du sable ou de l'argile, pourvu qu'il y eût à proximité un massif rocheux dont les débris étaient charriés et agglutinés par une pâte siliceuse mêlée de sels de fer. L'agglutination est d'ailleurs imparfaite, puisqu'il reste de nombreux méats donnant à la roche un aspect scoriacé ou caverneux.

Les grès ferrugineux forment ainsi une auréole autour de tous les rochers granitiques que nous avons rencontrés depuis le neuvième parallèle jusqu'au Tchad.

Le plus fréquemment enfin, les grès occupent, comme à Ndellé, le thalweg de gigantesques torrents qui découpaient de véritables fjords dans les roches anciennes et qui s'élargissaient brusquement en arrivant à la plaine dans laquelle les marais alternaient avec les lagunes et les vastes fleuves.

Au moment où ces phénomènes s'accomplissaient dans le centre de l'Afrique, les mers tertiaires recouvraient encore une grande partie du Sahara, s'avançaient même jusqu'au golfe de Guinée comme vient de le montrer une série de découvertes géologiques récentes. Il est probable que cette mer saharienne a subi une régression constante et qu'elle a été comblée peu à peu par l'apport d'alluvions venant des massifs dont nous venons de parler.

A l'époque secondaire, il est possible qu'une mer se soit étendue depuis l'Éthiopie jusqu'au Sénégal, s'avançant vers le cœur de l'Afrique jusqu'au 8e parallèle, au Nil, au 9e au Chari, au 10e dans la Bénoué, au 12e au Niger, au 14e au Sénégal. Au sud de cette ligne, un massif ancien, dont l'altitude est supérieure à 400 mètres et sur lequel on trouve le grès ancien en couches horizontales, s'étend presque sans interruption depuis la région des Lacs de l'Afrique orientale jusqu'au Fouta-Djalon dans l'Afrique occidentale.

Au nord de cette ligne, au contraire, on ne trouve plus les roches anciennes qu'en massifs isolés ayant formé des îles et des récifs qui subsistent encore dans l'Afrique centrale sous forme de hauts rochers dispersés à travers les plaines. A vrai dire, on ne connaît pas de dépôts fossilifères secondaires dans cette région; il en existe seulement en des points très éloignés. Dans toute la partie du bassin du Tchad que nous avons traversée, en particulier, nous n'avons trouvé ni fossiles secondaires ni fossiles tertiaires. Le régime d'estuaire et le régime lacustre, qui, avant le régime éolien, se sont substitués au régime marin, ont laissé des dépôts d'eau douce très puissants qui, autour du lac Tchad, masquent les dépôts tertiaires qui pourraient exister en dessous.

Entre Fittri et le lac Tchad, par exemple, nous avons pu étudier la coupe d'un puits qui, malgré une profondeur de 55 mètres, ne traverse que des dépôts d'eau douce. Dans le bassin du Chari, depuis 8 degrés 30 jusqu'au Tchad, ces formations lacustres, caractérisées par des couches de sable et d'argile partout très semblables, malheureusement toujours sans fossiles, recouvrent toutes les plaines de couches uniformes et attestent que, primitivement, ce pays n'a formé qu'un immense lac s'étendant du bassin du Nil au bassin du Sénégal et de la Gambie; la dispersion des mollusques fluviatiles et des poissons d'eau douce dont les espèces sont absolument les mêmes au Nil, au Chari, à la Bénoué, au Niger, au Sénégal, corrobore cette hypothèse. Ce terrain est formé à la surface par un mélange d'argile et de sable qui a pris dans la partie supérieure une teinte d'un rouge ferrugineux ou d'un jaune ocracé. Au-dessous, on trouve des sables gris ou verdâtres, et parfois des bancs de graviers à éléments assez gros. La latérite, en couches compactes, n'apparaît qu'autour des massifs rocheux. La pente de ces terrains est si faible que depuis le pays de Snoussi jusqu'au lac Tchad, sur une distance de 700 kilomètres à vol d'oiseau, on ne trouve qu'une différence d'altitude d'environ 110 mètres. Cette pente si faible est la raison pour laquelle les eaux s'écoulent difficilement à la saison des pluies et séjournent sur les plaines, dans des canaux au lit mal accusé ou dans des dépressions très étendues formant des marais et des lacs comme le Fittri, le Iro, le Baro, le lac No dans le bassin du Nil.

L'apport alluvial, sans cesse renouvelé, a peu à peu comblé les dépressions en nivelant le sol; finalement, il n'est resté que le lit des rivières actuelles et les traces des Minias et des Batas, aujourd'hui en grande partie comblés. Ailleurs ont subsisté des lagunes comme le Tchad, le Fittri, le Iro, le Faguibine près Tombouctou, qui emmagasinent encore, à chaque saison des pluies, le trop-plein des rivières et évaporent ensuite l'eau ou bien la laissent écouler dans le sable. L'action éolienne a contribué aussi au remplissage des lagunes et des grands fleuves, du moins dans la région sahélienne; aussi est-il impossible d'estimer aujourd'hui jusqu'à quelle latitude se prolongeaient autrefois les lagunes comme le Tchad, le Faguibine; leur lit s'est éteint, recouvert par d'immenses dépôts de sable poussé par le vent ou par des substances salines déposées par l'évaporation des eaux.

Les terrains qui constituent le Kanem, au moins ceux qui sont à la surface du sol, sont très différents de ceux qui existent dans la partie centrale du bassin du Chari, depuis le 9e jusqu'au 13e parallèle. Dans cette dernière contrée, en effet, la plaine est unie et on rencontre exclusivement du sable et de l'argile à travers lesquels les fleuves se fraient un lit sans limites précises, au cours très tortueux.

À partir des rochers de Ngoura et Aouni, dans la région du Fittri, le terrain est formé par un système de rides dont les creux ont de 5oo à 2,ooo mètres de large et alternent avec des saillies larges de i à plusieurs kilomètres. L'ensemble forme une série de stries, plus ou moins parallèles, anastomosées généralement entre elles, mais dont la direction générale est sensiblement sud-sud-est-nord-nord-ouest.

La végétation arborescente est localisée au fond des rides (ouadi). Les saillies sont recouvertes de sables à peine fixés. Les eaux du Tchad se sont autrefois étendues dans toutes ces rides, ainsi qu'en témoignent les abondants depôts de substances déposées après l'évaporation des eaux : carbonate de chaux, carbonate et sulfate de soude, magnésie, etc. Enfin les débris de gigantesques poissons et de grandes tortues à demi fossilisés que l'on rencontre dans toutes ces dépressions de la région du Kanem corroborent cette manière de voir. On rencontre aussi des débris de roseaux fossiles à plus de 1oo kilomètres des points où affleure l'eau de nos jours. Nous nous sommes demandé s'il fallait attribuer la direction si régulière des rives du Kanem et des bras du Tchad orientés dans le même sens à un plissement des roches anciennes sous-jacentes (crétacé) ou bien si ces rides ont été creusées par l'action des eaux dans les terrains alluvionnaires. Au fond de la plupart des ouadi du Kanem on trouve une croûte de calcaire dont l'épaisseur peut atteindre 1 mètre et qui forme à la surface des sortes de champignons saillants. Ces calcaires, recouverts souvent à la surface par des coquilles d'eau saumâtre (Mélania) qu'on ne rencontre plus aujourd'hui à l'état vivant, reposent directement sur le sable et paraissent s'être déposés à la suite de l'évaporation dés eaux.

À Rédéma, le calcaire existe sous forme de concrétions éparses dans une marne friable verdâtre. La lagune du Grand-Baissé près de Ngouri, au fond d'un ouadi, au contraire, est recouverte d'efflorescences de sulfate de soude et d'une croûte de carbonate de soude, et ce n'est qu'un peu plus haut, sur les bords de la cuvette, qu'apparaissent les calcaires.

Enfin, dans toute cette contrée, les puits ne donnant que des eaux saumâtres, natronnées ou sulfureuses, sont fréquents.

Comme on le voit, toute cette région du nord atteste que depuis une période très reculée l'évaporation des eaux du Tchad se poursuit constamment et que tous les canaux et toutes les lagunes avoisinant le lac Tchad sont de véritables bassins d'évaporation, comme les salines du bord de la mer. C'est ce qui explique que les eaux du Tchad lui-même demeurent constamment douces.

Nous avons recueilli, sur la région plus septentrionale du Sahara où il ne nous était pas possible de pénétrer, des renseignements sur les gisements de sel, de natron et de nitrate qui existent. Nous avons enfin appris que le nord du Ouadaï était constitué par des dépôts de calcaire formant en certains endroits de véritables rochers et que toute cette région située au nord du Baguirmi et du Ouadaï est parsemée de rochers granitiques aux environs desquels on trouve de nombreux spécimens néolithiques, et dans le Ouadaï, en particulier, il existe, d'après les indigènes, d'innombrables accumulations de haches polies et d'autres pierres travaillées.

2° ZOOLOGIE. — La mission Chari-Lac-Tchad s'est attachée, au cours de ses travaux, à recueillir un nombre aussi considérable que possible de collections relatives à la faune des régions traversées.

Le docteur Decorse, qui était spécialement chargé de ce soin, a formé des collections qui comptent parmi les plus importantes qui aient jamais été récoltées dans l'Afrique tropicale.

Il a pu ainsi rassembler des éléments qui permettront de dresser un inventaire important des animaux vivant dans ces régions. La mission Chari-Lac-Tchad a, en effet, rapporté au Muséum environ 200 peaux de mammifères, 150 oiseaux, autant de reptiles et de poissons et de plus de 25,000 échantillons d'insectes; enfin de nombreux spécimens de coquilles et de vers. L'étude et la préparation de ces collections sont loin d'être achevées et il est encore impossible de dégager de ces matériaux des indications générales sur la distribution des espèces animales dans le bassin du Tchad. Nous pouvons cependant faire remarquer que l'étude des poissons et des mollusques fluviatiles a montré la grande analogie de la faune lacustre du Tchad avec celle des bassins du Niger et du Sénégal à l'ouest et avec celle du bassin du Nil à l'est. Deux provinces zoologiques très distinctes s'étendent incontestablement sur le bassin du Chari. Au sud, dans la région des hauts plateaux, à la limite de séparation des bassins du Congo, du Chari et du Nil, on trouve encore un grand nombre d'animaux de la région équatoriale, en particulier de nombreuses espèces de singes et quelques antilopes. Au nord de cette zone, à partir du 7ᵉ degré, on entre véritablement dans la région soudanaise, dans laquelle on trouve de nombreuses espèces d'antilopes, le lièvre d'Abyssinie, la perdrix et la pintade du Sénégal, etc. Les grands mammifères africains : lion, panthère, hippopotame, rhinocéros, girafe, buffle, sont encore fréquents dans plusieurs régions; la girafe, que l'on rencontre à partir du 8ᵉ parallèle, et jusqu'au nord du Baguirmi, par troupeaux de 4 à 8 animaux, est encore réellement fréquente aujourd'hui, en particulier dans la région avoisinant le lac Iro. L'éléphant est presque partout en voie de disparition, et on peut prévoir l'époque où il ne constituera plus, dans cette partie de l'Afrique, qu'une curiosité zoologique. Il s'avance encore cependant jusqu'aux environs du lac Tchad, et nous avons rencontré, dans la région du Bahr-el-Ghazal, un troupeau de ces animaux qui comprenait une cinquantaine de têtes. Une autre espèce zoologique, également intéressante, est l'autruche, qui vit à partir du 10ᵉ parallèle jusque dans l'intérieur du Kanem et du Ouadaï. Les troupeaux de ces oiseaux ne sont pas très fréquents, mais dans presque tous les villages de la région située au nord du Baguirmi, chaque village indigène élève quelques-uns de ces animaux, et les plumes pour parures que cet élevage procure sont écoulées aux trafiquants arabes qui les portent à Tripoli.

« Le Chari, écrit le Dʳ Decorse, est un paradis pour le chasseur. Lorsque le soleil a méthodiquement brûlé toute verdure et desséché tous les marais, l'abondance du gibier est véritablement invraisemblable. À chaque coup de fusil s'enfuient, en chevauchées fantastiques, des grands kebs au poil grisâtre, des leucophes barbus, des guibs à la robe mouchetée, des antilopes au pied annelé de blanc, des bubales aux allures de vache. Dans la brousse bondissent comme des biches les céphalophes qui s'enfuient en sifflant. Parfois un gros buffle solitaire émerge tout vaseux des roseaux, tandis qu'une phacochère s'éloigne en trottinant de toute la vitesse de ses jambes courtes. Même en restant dans un poste, il est rare que l'Européen ne trouve pas l'occasion de faire un joli coup de fusil sur les visiteurs un peu trop familiers. L'hyène, entre tous, se signale par son audace.

« Nous avons été assez heureux, ajoute le Dr Decorse, pour *pouvoir constater à plusieurs reprises, d'une façon certaine, la* présence du cynhyène, qui a dû souvent être confondu avec la hyène. Nous l'avons toujours trouvé en petites bandes d'une vingtaine d'animaux, et toujours surpris aux heures chaudes de la journée. C'est un animal qui nous a paru essentiellement vagabond ; il s'établit pour gîter à l'abri d'une roche penchée ou d'un gros arbre abattu. Tous les animaux du troupeau s'y creusent une vaste cuvette peu profonde où tous se couchent côte à côte l'oreille toujours au guet.

« Parmi les hôtes singuliers de ce pays, il faut encore citer l'oryctérope du Sénégal, qui creuse des galeries dans les terrains légers où il lui est facile de se ménager des sorties de sûreté qu'il laisse soigneusement bouchées pour ne les ouvrir qu'en cas d'alerte. Le potamogale, quoique existant probablement, n'a pas été rencontré, mais nous avons pu constater l'existence d'une loutre à pelage très ras, vivant surtout dans le delta du Chari, où elle est très rare, le long des berges. Nous avons, par contre, recueilli de nombreux exemplaires d'aulacodes et de golondas. » Quant aux lamantins découverts par le Dr Vogel, dans le Tchad, ils n'ont pas été aperçus par le Dr Decorse, mais les indigènes nous ont signalé qu'il en existait encore quelques individus sur la côte du Bornou.

Les régions rocheuses, les Kagas abritent une espèce d'Hirax qui voisine avec des bandes de cynocéphales dont quelques-uns atteignent de fortes tailles. Le Colobe Guéreza existe en grande abondance dans toutes les régions qui se rattachent à la forêt équatoriale.

Les oiseaux semblent moins nombreux à mesure qu'on quitte les régions forestières du bassin du Congo pour passer dans les régions des savanes du bassin du Tchad.

Au fur et à mesure disparaissent les espèces aux vives couleurs, sauf quelques Necterinia, un Irisor et d'autres passereaux au plumage uni, sombre et métallique. Les pintades huppées disparaissent les premières, puis les perroquets, les touracos. Par contre, la pintade commune devient plus abondante au fur et à mesure que l'on monte vers le nord. Les perdrix et plusieurs espèces de pigeons font leur apparition.

Les pays à bétail donnent asile au héron garde-bœufs et à des stournes bien coloriées.

« Une des surprises qui attendent le voyageur dans toutes ces régions, c'est la rareté des serpents, non point que le nombre des espèces ne soit pas considérable, mais parce que leur rencontre est tout exceptionnelle. Durant tout notre voyage, nous n'avons eu que deux fois l'occasion de voir des accidents dont ni l'un ni l'autre ne furent mortels. Cependant on trouve le Spedo et l'Echis, en assez grande abondance. Les sauriens et les batraciens ont fourni quelques spécimens intéressants. Les indigènes recherchent avec avidité le Varan du Nil, pour s'en nourrir; le crocodile vulgaire est lui-même chassé, il abonde dans toutes les rivières d'une certaine importance. Les indigènes prétendent qu'il en existe une seconde espèce. Ils prétendent également ne craindre nullement l'espèce commune qu'on rencontre abondamment tout le long des berges du Chari; ils se baignent en sa présence, ne prennent aucune précaution pour aller à l'eau; cependant il arrive de temps en temps quelques accidents isolés qui semblent devoir être imputés à la seconde espèce, beaucoup moins répandue. Il semble que si le crocodile est peu dangereux pour l'homme, cela tient à ce que les rivières sont extrêmement poissonneuses, et qu'il n'est pas rare de voir des poissons tels que les siluridés, le *Lates niloticus,* etc. qui atteignent jusqu'à 1 m. 50 de long. Les protoptères et les polyptères, de nombreuses espèces de siluridés se rencontrent en abondance dans presque toutes les rivières.

Au point de vue entomologique, le bassin du Congo est beaucoup plus riche que la brousse aride du Chari; cependant l'abondance des insectes est encore assez grande pour être gênante pendant la saison des pluies. Les Glossina, auxquels se rapporte comme l'on sait la mouche tsé-tsé de l'Afrique orientale, existent en assez grande abondance dans plusieurs régions du Chari où l'on trouve trois espèces : *Glossina palpalis, Glossina morsitans, Glossina Decorseii,* toutes les trois également redoutables pour le bétail d'après les indigènes.

Les moustiques du genre Anopheles, occasionnant comme l'on sait la malaria paludéenne, sont partout très abondants surtout à la saison des pluies. Enfin il faut citer la filaire de Médine comme répandue seulement dans une grande partie du Baguirmi et surtout autour du lac Fittri, où la plupart des indigènes sont atteints de la filariose qu'elle occasionne. Dans les îles de l'archipel Kouri, au Tchad, au contraire, la filaire fait entièrement défaut et le indigènes atteints de filarioses prétendent avoir contracté cette maladie en allant dans les régions situées au sud-est, vers le lac Fittri.

3° Botanique. — L'étude de la flore de l'Afrique centrale, celle des végétaux utiles à l'homme et susceptibles de déterminer un commerce d'exportation (plantes à caoutchouc, à gomme, etc.), enfin la constitution de collections de botanique destinées à nos musées ont été au nombre des plus grandes préoccupations de la mission Chari-Lac-Tchad.

Nous avons eu la bonne fortune de pouvoir rapporter à peu près intacte l'abondante collection botanique formée au cours de tout le voyage.

Elle comprend près de 50,000 parts d'herbier se rapportant à 8,000 numéros de collection qui représentent environ 3,000 espèces. Si à cette collection, dont nous poursuivons l'étude en ce moment, on joint la collection que nous avons précédemment formée au Soudan français, on constate que la série des végétaux que nous avons récoltés et étudiés au cours de nos voyages est une des plus considérables, sinon la plus importante qui ait jamais été formée dans l'Afrique tropicale.

Cette collection botanique, de l'étude de laquelle nous nous occupons très activement, constitue un lot de 300 paquets dont la préparation très laborieuse n'est pas encore complètement terminée. Les plantes ont été aseptisées au sublimé corrosif de manière à en assurer la conservation indéfinie. Elles sont classées par familles et par genres, et deux préparateurs travaillent chaque jour à fixer sur papier les échantillons qui doivent constituer la collection d'étude type. D'autre part, toutes les étiquettes ont été relevées sur fiches de façon à faciliter l'étude qui sera bientôt entreprise par divers spécialistes. Dès maintenant un certain nombre de familles définitivement préparées ont été adressées à ces spécialistes, qui en ont commencé l'étude. Ce sont :

MM. Van Tieghem, de l'Institut, pour les Loranthacées; Engler, directeur du Jardin botanique de Berlin, pour les Sapotacées, Aroïdées, Combrétacées; Warburg, directeur du Tropenpflanzer, pour les Ficus; Casimir de Candolle, pour les Pipéracées et les Méliacées; Chodat, professeur de botanique à l'Université de Genève, pour les Polygalacées; Briquet, directeur du Musée botanique de Genève, pour les Labiées; Christ, pour les Fougères; Gagnepain, préparateur au Muséum, pour les Scitaminées; Stapf, botaniste du Jardin de Kew, pour les Graminées; Hariot et Patouillard, pour les Champignons; Corbière, pour les Mousses et les Hépatiques; l'abbé Hue, pour les Lichens; Hariot, pour les Algues.

Nous nous sommes nous-même occupé de quelques autres familles.

L'ouvrage général qui résultera de cette étude constituera une œuvre de grande importance pour la connaissance de la végétation africaine; nous pensons que le premier volume pourra voir le jour dans un an environ.

Bien que l'étude de la collection botanique soit loin d'être terminée, il est possible cependant d'avoir un aperçu sur la répartition générale des espèces végétales dans les régions que nous avons parcourues et sur les adaptations biologiques des plantes les plus caractéristiques de ces régions.

Dans la forêt équatoriale que nous avons traversée rapidement à l'aller et au retour et où nous avons néanmoins formé des collections assez importantes, existe une flore spéciale composée surtout d'arbres de haute taille enlacés de lianes gigantesques retombant en festons d'un arbre à l'autre. Sous ce couvert imposant vivent des arbustes nombreux également enlacés de lianes, environnés de grandes monocotylédones telles que les palmiers, les Pandanus. Enfin sur le sol constamment humide et peu éclairé on ne rencontre qu'un petit nombre de graminées, mais beaucoup de champignons et des mousses.

À la forêt équatoriale succède, en montant vers le nord, la zone guinéenne, caractérisée surtout par des savanes. Une végétation arborescente clairsemée recouvre les pentes des collines et les plateaux. Dans les vallées, au bord des rivières, on rencontre les galeries forestières dont nous avons précédemment parlé. À partir du huitième parallèle, les galeries deviennent rares, la végétation des savanes s'appauvrit, et l'on pénètre dans la zone soudanienne, qui s'étend jusqu'au dixième parallèle. Cette zone est une région de cultures bien entretenues de sorgho, de coton, d'arachides, de haricots indigènes (vigna). Dans les savanes, on rencontre une flore adaptée à l'incendie annuel des herbes; les arbres sont rabougris, leur tronc est souvent recouvert d'une épaisse couche de liège charbonné à la surface par le passage de l'incendie. Les plantes herbacées des plateaux ont souvent des tubercules très développés qui permettent au végétal d'accumuler des réserves qu'il consomme à la saison sèche. Enfin, dans le nord, à partir du dixième degré commence la zone sahélienne, caractérisée par des steppes où l'on ne trouve que des arbres de très petite taille souvent très espacés, la plupart aux rameaux épineux. Les graminées elles-mêmes, si communes dans la zone soudanienne, deviennent rares; les plantes annuelles ne vivent que pendant quelques mois et seulement quelques semaines dans la région située au nord de la 12ᵉ parallèle.

À partir du Kanem apparaissent déjà un grand nombre de types de la zone saharienne.

CONCLUSIONS.

Comme nous l'avons montré dans les pages précédentes, les investigations de la mission Chari-Lac-Tchad se sont étendues aux différentes branches de la géographie et des sciences naturelles. Les collections qu'elle a rapportées comprennent des éléments se rapportant aux branches suivantes : ethnographie, anthropologie, préhistoire, produits végétaux utiles, herbiers, échantillons botaniques dans l'alcool et le formol, spécimens de plantes vivantes, de graines et de tubercules pour être cultivés dans des serres, échantillons de carpologie, spécimens de zoologie, relatifs à l'entomologie, à la malacologie, à l'herpétologie, à la mammologie. Environ 500 échantillons relatifs à la géologie et à la minéralogie, quelques fossiles provenant de la côte occidentale d'Afrique, enfin des échantillons de terre et des produits végétaux pour des recherches chimiques. La mise en œuvre de ces documents, en nombre aussi considérable, constituera un travail de longue haleine.

Nous avons pu néanmoins en répartir la distribution, et dès maintenant tous ces matériaux sont à l'étude. Pour mettre debout les publications qui résulteront de ces recherches, nous avons fait appel à la collaboration de tous les savants français et étrangers qui ont bien voulu s'associer à l'œuvre que vous m'aviez confiée. Les volumes de cette publication se répartiront de la façon suivante :

1° Un volume relatif à la géographie et contenant le journal de route de la mission. Les documents concernant l'histoire, etc. sont en cours de rédaction. Nous nous sommes associé pour la rédaction de cet ouvrage M. Sion, agrégé d'histoire et géographie, ancien élève de l'École normale supérieure. À ce volume seront annexés un mémoire de géologie et un mémoire de minéralogie, dont mon collaborateur, M. Courtet, poursuit en ce moment l'élaboration, sous la direction de M. Lacroix, de l'Institut, professeur au Muséum. Une étude sur les objets en pierre polie, étude que nous poursuivons en collaboration avec M. Hamy, de l'Institut, professeur au Muséum, sera enfin annexée à ce premier volume.

L'étude de la zoologie est moins avancée. La détermination des insectes que nous avons rapportés se poursuit au laboratoire d'entomologie du Muséum, sous la direction de M. Bouvier, membre de l'Institut, professeur au Muséum. Sous la direction de M. le professeur Joubin se poursuit l'étude des matériaux relatifs aux mollusques par MM. Lamy et Louis Germain. Dans le même laboratoire, M. Gravier étudie les spongiaires. Les reptiles et les poissons ont été examinés par M. Pellegrin, au laboratoire d'herpétologie du Muséum. M. le professeur Oustalet a enfin terminé l'étude des mammifères et des oiseaux. Nous pensons pouvoir publier ce second volume relatif à la faune, dans un an et demi environ. Un volume concernant l'anthropologie et l'ethnographie verra le jour plus tard. Nous y joindrons aussi les divers vocabulaires que nous avons pu rassembler et de l'étude desquels M. Pinard s'occupe en ce moment.

Les travaux relatifs à la botanique sont les plus considérables et les plus longs à mettre debout. Nous avons entrepris une publication qui comprendra quatre volumes relatifs à la flore des régions que nous avons étudiées au cours de nos différents voyages. Nous avons fait appel, pour cette publication, à la collaboration de plusieurs spécialistes français et étrangers. Nous pensons que le premier volume pourra paraître dans le délai d'une année. Quant aux observations relatives à l'agriculture tropicale et à l'étude des plantes utiles, elles seront l'objet de différents mémoires qui seront réunis dans une publication dont nous ne pouvons prévoir l'étendue et dont le premier fascicule, actuellement sous presse, doit paraître incessamment.

Notre dévoué ami, M. Perrot, professeur à l'École supérieure de pharmacie de Paris, a bien voulu assumer la tâche ingrate de corriger les épreuves relatives à ces différents travaux pendant notre absence. Nous l'avons aussi chargé de poursuivre la publication de tous les travaux que nous venons d'énumérer, dans le cas où nous viendrions à disparaître au cours du nouveau voyage que nous entreprenons.

En résumé, la publication qui résultera des recherches faites par la mission Chari-Lac-Tchad sera une œuvre de longue haleine. Elle constituera la source la plus importante de renseignements qui jusqu'à ce jour aient été rapportés sur le bassin du lac Tchad.

Nous avons eu le bonheur de devancer dans les régions de l'Afrique centrale les missions scientifiques envoyées par les gouvernements allemand et anglais. La France, qui avait été la première nation à occuper ce territoire lointain, devait être la première également à retirer un bénéfice scientifique des conquêtes qu'elle a faites dans ces régions si peu connues encore.

En terminant, c'est pour moi un véritable bonheur de pouvoir exprimer ma profonde gratitude à tous ceux qui ont soutenu la mission Chari-Lac-Tchad aux moments difficiles. Il m'est particulièrement agréable de remercier les Départements de l'Instruction publique et des Colonies, qui, non contents d'organiser la mission Chari-Lac-Tchad, lui ont constamment témoigné leur bienveillance pendant la durée de la mission et à son retour. M. le Ministre de la Guerre a bien voulu s'associer aussi à l'œuvre que nous accomplissions en mettant à notre disposition deux officiers de son Déparment : M. l'officier d'Administration Courtet et M. le docteur Decorse.

L'Académie des Inscriptions et Belles-Lettres et spécialement le secrétaire de la Commission du legs Benoît-Garnier, M. le docteur Hamy, nous ont également donné en toutes circonstances des témoignages de la plus grande sympathie.

Enfin nous avons toujours trouvé au Muséum d'Histoire naturelle de Paris un concours empressé dans l'étude des matériaux que nous avons recueillis.

Qu'il me soit enfin permis de remercier mes deux vaillants collaborateurs MM. Courtet et Decorse, qui, après avoir apporté tout leur dévouement pour la réussite de la mission, s'occupent aujourd'hui de la mise en œuvre des documents rapportés.

Nous voudrions pouvoir de même exprimer notre gratitude au chef des cultures de la mission, M. Martret. Il a malheureusement payé de sa vie les efforts qu'il avait dépensés au Jardin d'Essais de Fort-Sibut créé par la mission Chari-Lac-Tchad.

Nous espérons que tous ceux qui ont bien voulu s'intéresser à l'œuvre entreprise dans l'intérêt de la colonisation française voudront bien encore nous continuer leur concours pour la publication des travaux de mission.

Veuillez agréer, Monsieur le Ministre, l'expression de mon profond respect.

Aug. CHEVALIER.

LISTE

DES TRAVAUX SCIENTIFIQUES ÉLABORÉS À L'AIDE DES MATÉRIAUX ET DOCUMENTS RECUEILLIS PAR LA MISSION CHARI-LAC-TCHAD, PUBLIÉS OU EN COURS DE PUBLICATION (fin janvier 1904).

1° GÉOGRAPHIE.

A. CHEVALIER. Un itinéraire à travers le Dar Banda, avec carte, *La Géographie*, 1903.

— Le Pays de Snoussi (lettre à M. le professeur Hamy), *La Géographie*, 1903).

— Lettre sur l'Afrique centrale à G. Schweinfurth, *Bulletin de la Société de Géographie de Berlin*, 1903.

— Le Dar Kouti, avec carte, *La Géographie*, 1903.

— Voyage au lac Iro, *La Géographie*, 1903.

— Voyage dans la région du Tchad, *La Géographie*, 1904.

— De l'Oubangui au lac Tchad à travers le bassin du Chari. Conférence publique faite dans la salle des fêtes à la Sorbonne le 30 avril 1904, avec une carte dans le texte, *La Géographie*, 1904

— Lettres à M. Lignier, *Bulletin de la Société Linnéenne de Normandie*, 1903, p. 269.

DECORSE. Du Congo au lac Tchad, *Bulletin de la Société de Géographie commerciale*, t. XXVI, n° 3, p. 349.

CHESNEAU. Année cartographique, carte du bassin du Chari, *Itinéraires de la Mission*, novembre 1904.

ANONYME. French exploration between the Ubangui and lake Tchad, *Bulletin of the American Geographical Society*, vol. XXXVI, n° 12, 1904.

A. CHEVALIER. Résultat des dernières missions scientifiques françaises au centre de l'Afrique, *Congrès international de géographie de Philadelphie*, États-Unis.

2° BOTANIQUE.

CULTURES TROPICALES ET QUESTIONS ÉCONOMIQUES.

A. CHEVALIER. Le caoutchouc du Chari, *Bulletin du Muséum*, 1902.
— Rapport sur le caoutchouc, *Bulletin officiel de la Colonie du Congo*, 1903.
— Les plantes à caoutchouc de la région Chari-Tchad, *Agriculture pratique des pays chauds*, n° 13, juillet-août 1903.
— Sur l'exploitation des plantes à caoutchouc, *Agriculture pratique des pays chauds*, n° 15. *Bulletin du Comité de l'Afrique française* et *Bulletin officiel de la Colonie du Congo*.
— Sur quelques plantes à caoutchouc du Congo-français.
— Sur les lianes à caoutchouc du Congo français.
— Sur les plantes fournissant le caoutchouc des herbes.
    (Ces trois notes sont dans les *Comptes rendus de l'Académie des Sciences*, 2° semestre 1904.)
ARNAUD. Contribution à l'étude des lianes à caoutchouc d'Afrique, *Bulletin du Muséum*, p. 575 à 576.
COURTET. Utilisation de la liane à caoutchouc, variété naine, pour la production du caoutchouc, *Bulletin de la Société d'Acclimatation*, août 1904.
A. CHEVALIER. Quelques caféiers nouveaux ou peu connus de l'Afrique centrale, *Revue des Cultures coloniales*, mai 1903.
— Note complémentaire sur le caféier du pays de Snoussi, *Revue des Cultures coloniales*, juillet 1903.
— Note sur les caoutchoucs du Congo, *Feuille de renseignements de l'Office colonial*, septembre 1904, n° 62.
— L'avenir de la culture du coton en Afrique occidentale, *Comptes rendus de l'Académie des Sciences*, 1904.
— Les Elæis comme porte-ombre des cacaoyers au Congo, *Journal d'Agriculture tropicale*, n° de janvier 1904.
— Les plantes utiles de l'Afrique tropicale française (publication des travaux de la Mission), *sous presse :*
    1° Histoire de l'agriculture dans l'Afrique occidentale;
    2° Les jardins d'essais de l'Afrique tropicale;
    3° Un essai d'acclimatation en Afrique centrale;
    4° Les Coleus à tubercules alimentaires.

3° SCIENCES NATURELLES.

GERMAIN (Louis). Note préliminaire sur les mollusques recueillis par les membres de la Mission A. Chevalier dans la région du Tchad et le bassin du Chari, *Bulletin du Muséum*, 1904, n° 7, p. 466.

Oustalet. Catalogue des oiseaux rapportés par la Mission Chari-Lac-Tchad, *Bulletin du Muséum,* n° 7, p. 431.

Mocquard (F.). Notes herpétologiques (description du *Bufo Decorseii*), *Bulletin du Muséum,* 1903, n° 5, p. 214.

Pellegrin (J.). Poissons du Chari et du lac Tchad récoltés par la Mission Chevalier-Decorse, *Bulletin du Muséum,* 1904, n° 6, p. 309.

— Cyprinodontidés nouveaux du Congo et de l'Oubangui, *Bulletin du Muséum,* 1903, n° 5, p. 221.

Anthony (Dr R.). Organisation et morphogénie des Ætheridæ, *Comptes rendus de l'Académie des Sciences,* 1904. Travail fait en partie à l'aide de coquilles d'Ætheria rapportées par la Mission.

— Contribution à l'étude des Mollusques acéphales dimyaires fixés en position pleurothétique (pour être publié prochainement).

Brumpt (E.). Sur une nouvelle espèce de mouche tsé-tsé provenant de l'Afrique centrale, *Comptes rendus des séances de la Société de Biologie,* séance du 16 avril 1904, t. XLVI, p. 638.

— À propos de la Glossina Decorseii Brumpt, *Comptes rendus des séances de la Société de Biologie,* séance du 25 novembre 1904, p. 430.

Sjostedt (Dr Y.). Monographie der Termitten Afrikas, Kungl. Vetenskops Akademiens Handlingar, B. 38 n° 4, 1904 (description des espèces nouvelles de termites recueillies par la Mission).

Buysson (R. du). Cinquième contribution aux Chrysidides du Globe, *Revue d'Entomologie,* 1905 (*sous presse*).

Bouvier (E. L.). Crustacés de la famille des Atyidés; espèces qui font partie de collections du Muséum d'Histoire naturelle, *Bulletin du Muséum,* 1904, n° 3 (description de la *Caridina togoensis,* var. *Decorseii*).

Gagnepain. Zingibéracées nouvelles, *Bulletin de la Société de Botanique de France,* 1903, p. 260.

Courtet. Observations géologiques recueillies par la Mission Chari-Lac-Tchad, note présentée à l'Académie des Sciences, séance du 16 janvier 1904.

— Observations sur les sels de la région du Tchad; pour être présenté à l'Académie des Sciences, séance du 30 janvier.

4° TRAVAUX DIVERS.

Laveran. Le paludisme et les moustiques dans le bassin du Chari, *Comptes rendus des séances de la Société de Biologie,* 1904, d'après les spécimens et les observations recueillis par le Dr Decorse.

Decorse (D^r). Géographie médicale de la région du Chari, *Annales de Médecine coloniale,* 1904.

Hébert. Analyses chimiques des sols, des minerais et des sels rapportés par la Mission Chari-Tchad, *Comptes rendus de l'Académie des Sciences*, 16 janvier 1904.

— Étude chimique sur les produits minéraux rapportés par la Mission Chari-Tchad, *Bulletin de la Société de Chimie*.

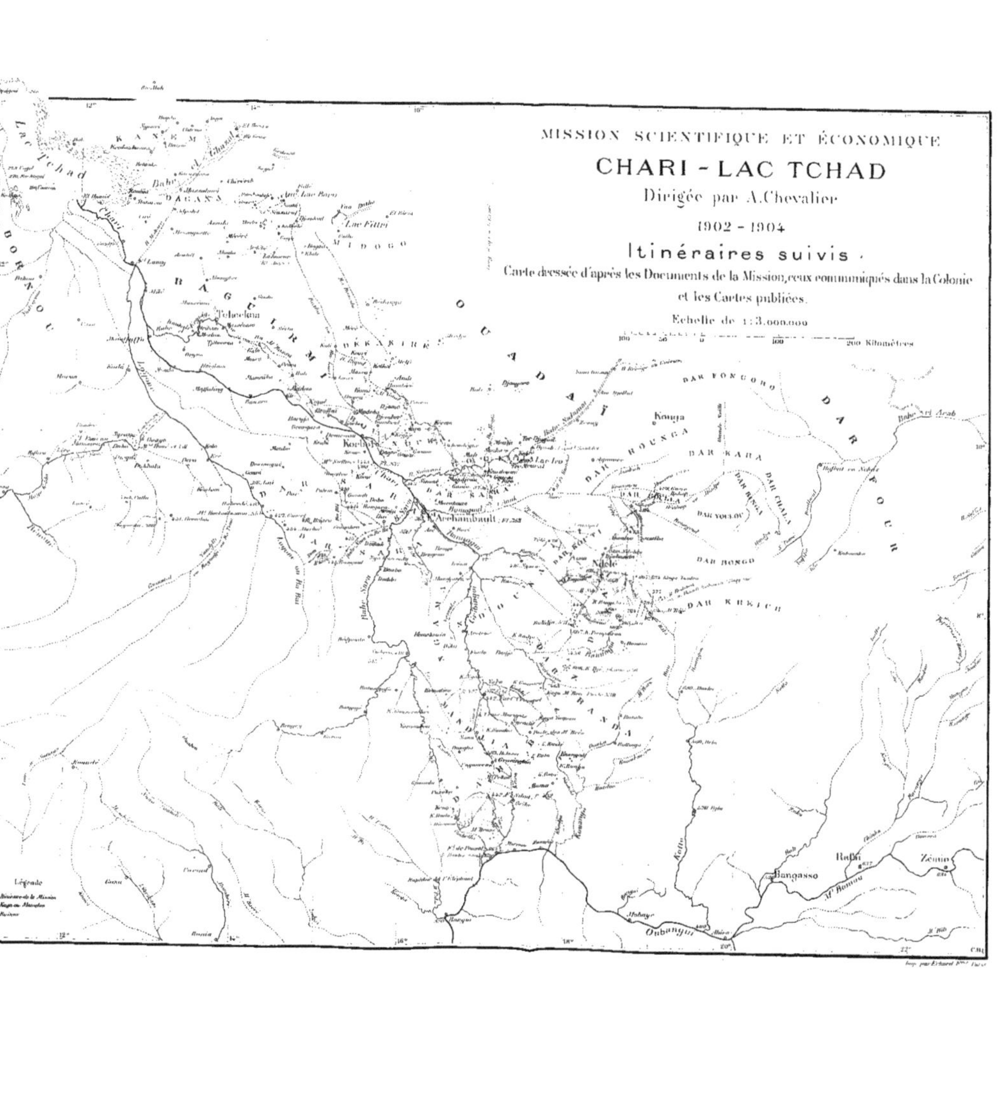

MISSION SCIENTIFIQUE ET ÉCONOMIQUE
CHARI - LAC TCHAD
Dirigée par A. Chevalier
1902 - 1904
Itinéraires suivis.
Carte dressée d'après les Documents de la Mission, ceux communiqués dans la Colonie
et les Cartes publiées.
Echelle de 1:3.000.000
100   50   0   100   200 Kilomètres
Légende
Itinéraire de la Mission
Voyts des Voyageurs
Rivières
Lac Tchad
KANEM
Bahr el Ghazal
DAGANA
BORKOU
Chari
BAGUIRMI
Teheelou
OUADAÏ
MIDOGO
Lac Fittri
Lac Iro
Korbol
Archambault
DAR KAMA
DAR ROUNGA
DAR FONGORO
DAR
Kouya
DAR KABA
DAR FOUR
Bahr el Arab
DAR CHALA
DAR YOULOU
DAR RUNGA
Ndélé
DAR BONGO
DAR KEKICH
DAR BANDA
Rafaï
Zémio
Bangasso
Oubangui
Imp. par Erhard Frères Paris

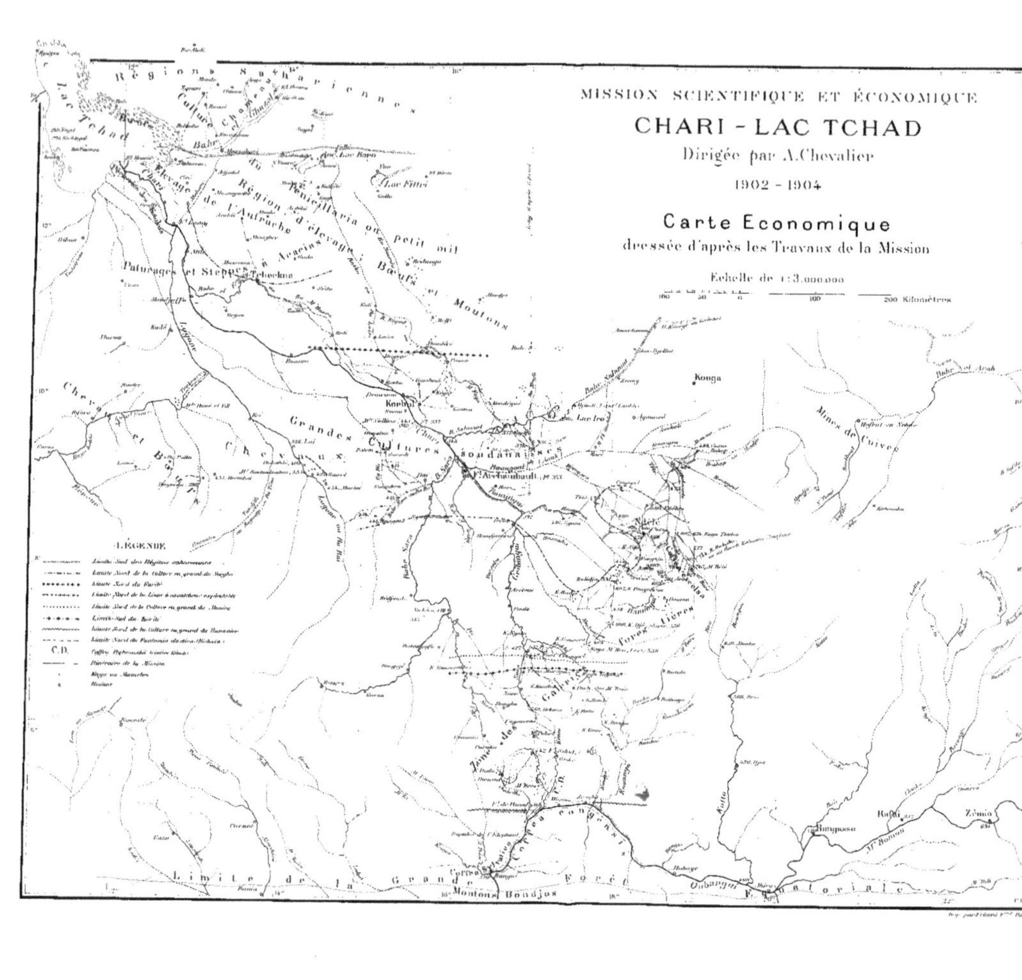

MISSION SCIENTIFIQUE ET ÉCONOMIQUE
CHARI - LAC TCHAD
Dirigée par A. Chevalier
1902 - 1904
Carte Economique
dressée d'après les Travaux de la Mission
Echelle de 1:3.000.000
200 Kilomètres
LÉGENDE
Lac Tchad
Lac Fittri
Régions Sahariennes
Régions Subsahariennes
Kouga
Mines de Cuivre
Bahr-el-Arab
Limite de la Grande Forêt Équatoriale
Moutons Boudjos
Oubangui
Zémio

RAPPORT

SUR

UNE MISSION SCIENTIFIQUE

DE M. N. VILLATTE

DANS LE SAHARA CENTRAL,

PAR M. F. FOUREAU.

———

Chargé de prendre connaissance du rapport de mission de M. Villatte, je viens en rendre compte à la Commission des missions.

M. Noël Villatte, calculateur à l'Observatoire d'Alger, était chargé de mission par le Ministère de l'Instruction publique, par le Gouvernement général de l'Algérie et par la Société de Géographie de Paris; le but spécial qu'il devait poursuivre était de procéder à des observations astronomiques destinées à fixer sur la carte du Sahara central et occidental le plus grand nombre possible de points, à faire des itinéraires topographiques et à recueillir des échantillons géologiques en étudiant la succession des divers terrains traversés.

M. Villatte a suivi les déplacements d'une fraction de la compagnie montée des oasis sahariennes (compagnie du Tidikelt) commandée par le commandant Lapérine; il a ainsi pris part à la jonction de l'Algérie aux territoires français du Soudan, jonction effectuée, le 17 avril 1904, dans l'Adrar, au puits de Timiaouïne, avec un détachement venu de Tombouctou sous le commandement du capitaine Thiévenaut.

L'itinéraire d'aller s'est développé, suivant une direction sensiblement nord-sud, à partir d'In-Salah, et en visitant In-Zize et Timissâo, jusqu'au point extrême de Tin-Zaouatene dans l'Adrar des Ifoghas. Le retour s'est effectué par une route beaucoup plus orientale passant par Tin-Ghaor, Silet, côtoyant ensuite tout le versant occidental du Ahaggar, dont la nature volcanique a été constatée (pour certains points), pour rentrer à In-Salah par le Mouydir.

D'autre part, entre Ouargla et In-Salah, tant à l'aller qu'au retour, M. Villatte a fait, seul, un itinéraire également jalonné de positions astronomiques, itinéraire dont une partie est nouvelle et relevée par lui pour la première fois.

Deux cartes provisoires, à l'échelle du 1/2,000,000ᵉ, jointes au manuscrit de M. Villatte, offrent un grand intérêt; elles permettent de juger de l'importance de son itinéraire, qui ne comporte pas moins de 4,300 kilomètres de développement total de Ouargla départ à Ouargla retour et dont le parcours a demandé huit mois.

Nous ne possédions jusqu'ici, au point de vue géographique, dans la plus grande partie des régions ainsi parcourues, qu'un nombre infime de positions géographiques, et si des itinéraires topographiques, relevés depuis trois ans par nos officiers du Sud algérien, nous donnaient la physionomie approximative du terrain dans la partie nord de cette zone, du moins ils n'étaient appuyés sur aucunes coordonnées géographiques et ne fournissaient par conséquent que des éléments géographiques très imparfaits.

Les observations astronomiques que rapporte M. Villatte viennent heureusement combler cette lacune et permettront maintenant d'établir une carte sérieuse et définitive de la région.

Je connais de longtemps la valeur de M. Villatte, au point de vue des observations astronomiques et du maniement du sextant et du théodolite; l'opinion de M. Trépied, l'honorable directeur de l'Observatoire d'Alger, est du reste conforme à la mienne; nous pouvons donc être assurés que les résultats qu'obtiendra M. Villatte, à la suite du développement du calcul de ses observations, seront absolument sérieux.

Le résumé de ses travaux peut s'indiquer ainsi :

1° 60 points pour lesquels la longitude et la latitude ont été fixées;

2° 40 points auxquels on a observé la valeur de la variation du barreau aimanté. J'insiste sur l'importance que présente ce résultat particulier dans un pays où aucune observation de ce genre n'avait encore été faite;

3° 5 points auxquels on a observé la valeur de la composante horizontale;

4° Observations barométriques, en vue de la détermination de l'altitude pour tous les points touchés par l'itinéraire;

5° Collection de fossiles et de roches sur tout le parcours, accompagnée de photographies donnant le facies des divers terrains;

6° Un itinéraire topographique embrassant tout le chemin parcouru et tous les accidents de terrain que l'on a pu viser et recouper.

Les observations astronomiques sont détaillées en un chapitre spécial qui indique toutes les opérations exécutées et tous les astres employés, en même temps que la nature de chaque observation. Elles se décomposent ainsi :

13 occultations d'étoiles par la lune;

193 angles horaires de soleil ou d'étoiles;

66 observations de latitude par la polaire ou par des hauteurs circumméridiennes d'étoiles;

5 séries de hauteurs égales de lune et d'étoiles.

Je dois indiquer qu'à In-Salah tout particulièrement, où M. Villatte a séjourné à deux reprises, il n'a pas manqué de faire des observations astronomiques nombreuses et répétées, en vue de déterminer rigoureusement la longitude de ce point, dont la position a déjà donné lieu à de très nombreuses controverses depuis le moment où, en 1893, j'avais moi-même fait remarquer, à la suite de mon voyage à Hassi El-Mongar, que l'on adoptait pour cette oasis célèbre une longitude beaucoup trop occidentale en se basant sur des renseignements incertains.

M. Villatte n'a pu joindre à son mémoire qu'une carte provisoire, attendu qu'il n'a pas encore terminé le développement du calcul de ses très nombreuses observations. Il pousse activement ce travail et il sera prochainement en mesure de dessiner une carte définitive, avec des positions sûres, et il aura ainsi donné la possibilité d'utiliser les documents purement topographiques que l'on possédait déjà sur la partie septentrionale de la région parcourue.

M. Villatte n'a pas manqué de noter avec soin les échantillons de la flore, et ses renseignements botaniques seront aussi une contribution précieuse à la connaissance d'un pays aujourd'hui pacifié et devenu entièrement nôtre.

Il a en outre tenu un registre météorologique journalier pendant toute la durée du voyage.

Le mémoire de M. Villatte, qui comporte près de cent pages, est fort intéressant d'un bout à l'autre, tant par ses descriptions géographiques, géologiques et botaniques que par ses renseignements ethnographiques.

Je n'ai pas voulu le suivre et le résumer dans tous ses développements, j'ai tenu seulement à faire ressortir devant la Commission les résultats purement scientifiques obtenus, en ce qui concerne les observations astronomiques, but principal de la Mission, et à lui faire remarquer que le but visé était pleinement atteint.

La Commission doit donc, à mon avis, se féliciter d'avoir porté son choix sur M. Villatte comme missionnaire scientifique, et elle n'a que des compliments à lui adresser pour la façon sérieuse et intelligente avec laquelle il a rempli le mandat qu'on lui avait confié.

Paris, le 15 février 1905.

F. FOUREAU.

RAPPORT

SUR

UNE MISSION ARCHÉOLOGIQUE
EN ITALIE,

PAR M. HENRY DE GÉRIN-RICARD.

MONSIEUR LE MINISTRE,

J'ai l'honneur de vous adresser mon rapport sur la mission dont vous avez bien voulu me charger par votre arrêté du 22 février dernier.

Cette mission avait pour but la recherche et l'étude en Ligurie :

1° Des *castella* pouvant exister au delà de Nice, dans la principauté de Monaco et en Italie;

2° De la céramique préromaine;

3° D'une céramique romaine de basse époque, dite poterie grise estampée à rouelles et palmettes.

J'ai résumé ci-après les observations que j'ai pu faire sur ces trois objets dans leurs rapports avec l'archéologie de la région méditerranéenne française.

Avant d'aborder le détail, il ne me paraît pas inutile d'indiquer qu'en dehors des musées publics, je me suis attaché le plus possible à visiter les collections privées et celles des Universités provinciales les moins connues et non les moins intéressantes.

Il m'est très agréable de vous faire connaître, en outre, l'accueil si bienveillant que m'ont réservé S. E. M. le Ministre de l'Instruction publique d'Italie et M. le commandeur Fiorilli, directeur général de l'Antiquité et des Beaux-Arts.

J'ai reçu de MM. les professeurs Pigorini et Colini (de Rome); Mantegazza, sénateur; Giglioli, Gabricci, Regalia (de Florence); Issel, Gaëtan Poggi et Accame (de Gênes), et de M. le chanoine de Villeneuve, directeur du Musée anthropologique de Monaco, un concours aussi obligeant que savant : je ne saurais trop les en remercier.

Enfin je tiens à rendre hommage à l'utile et si complet appui que m'ont prêté M. l'Ambassadeur de France à Rome, MM. les Consuls de France à Gênes et à Florence et Mgr Duchesne, directeur de l'École française d'archéologie à Rome.

I

CASTELLA.

L'étude de ces ouvrages fortifiés, si nombreux dans la région méditerranéenne française, a été pendant fort longtemps négligée [1]; ce n'est que depuis le commencement de ce siècle que l'on a entrepris des fouilles et des publications sur ces enceintes.

Le sujet semble, depuis un an surtout, avoir accaparé l'attention de l'érudition locale, quelquefois même au détriment de l'archéologie des époques préhistorique, romaine et chrétienne.

J'ai personnellement et en collaboration avec M. G. Arnaud d'Agnel fait un travail sur les *castella* de la vallée de l'Arc en Provence [2], puis MM. Vasseur, Arnaud d'Agnel, Marin-Tabouret et Cotte ont fait connaître les résultats de leurs recherches dans trois de ces retranchements [3]; M. de Villeneuve vient d'entreprendre le relevé de ceux du littoral monégasque, tandis que MM. Guebhard et Paul Goby explorent dans le même but l'arrondissement de Grasse, qui ne comprend pas moins de soixante-dix de ces enceintes, et préparent une carte d'ensemble de ces monuments pour les pré-alpes maritimes [4]. Enfin M. Z. d'Agnel, de Toulon, s'occupe de la même question pour le Var [5].

---

[1] À peine peut-on citer au siècle dernier quelques rares passages consacrés à ces vestiges, par les auteurs de la *Statistique des Bouches-du-Rhône* et par I. Gilles dans ses nombreuses publications.

Les *castella* du Gard ont été étudiés par M. de Saint-Venant.

[2] *Les antiquités de la vallée de l'Arc*. Acad. des Inscriptions et Belles-Lettres, Concours des antiquités de la France 1903 et Congrès des Sociétés savantes 1904 (Archéologie).

[3] Vasseur, *Note sur l'industrie Ligure*, etc., Marseille, 1904; Marin et Cotte, *Les fortifications des bords de l'étang de Berre* (Afas, Congrès de Grenoble), *L'Oppidum de la Cloche* (*Bull. de la Soc. archéologique de Provence*, 1904, p. 92); Arnaud d'Agnel, *Le Castellum de Vitrolles* (*ibid*).

[4] Congrès de l'Afas tenu à Grenoble en août 1904.

[5] *Bull. de la Soc. préhistorique de France*, t. 1, p. 302 (1904).

En Languedoc et en Provence, les produits industriels rencontrés dans ces enceintes (bronze avec survivance du silex, fer, poteries du vi[e] au i[er] siècle avant notre ère, monnaies la plupart préromaines) ont concouru à les faire considérer en majeure partie comme étant l'œuvre des Ligures.

Il était donc intéressant de connaître au plus tôt si des constructions analogues existaient en Ligurie, c'est-à-dire entre Nice et La Spezzia. Aucune publication italienne n'ayant traité cette question, il s'agissait, par suite, de procéder à une enquête sur place. Voici le résultat de celle à laquelle je me suis livré.

Monaco. — Entre Nice et Roquebrune, sur une bande littorale n'excédant pas dix kilomètres de largeur, se trouvent une vingtaine de *castella* qui couronnent des sommets dont les noms sont souvent significatifs. C'est le Mont de la Guerre, le Col des Batailles, la Testa de Camp, la Barre de l'Armi, le Mont Bastide (*castrum Avisionis*), le Casteleretto, le Mulet (*Mura*), Cimiez, les Barri (les remparts), le Mont Agel, Camp Ricard, Peymenarga, Touraqua, Sirococa et le Mont Gros près Menton [1].

J'ai pu visiter quelques-uns de ces ouvrages, dont plusieurs ont été remaniés par les Romains. Ceux qui ont conservé leur caractère primitif présentent de grandes variétés dans leurs dispositions et aussi dans le mode de construction des murs, tous établis sans ciment. Les uns, ceux qui paraissent les plus archaïques, sont formés de gros blocs portant les uns sur les autres; dans d'autres, les blocs alternent lit sur joint. On en rencontre aussi avec murs composés d'un blocage entre deux parements, l'un externe, l'autre interne, dont la section offre la forme d'un trapèze. (C'est le mode le plus répandu en Provence.)

Dans certains *castella* monégasques, j'ai remarqué l'emploi (également noté en Provence) d'éperons, *scalæ* ou jambes partant perpendiculairement de l'extérieur de l'enceinte et se dirigeant sur un escarpement pour fermer un passage. Au Mulet ou Muras un de ces murs a 3 mètres d'épaisseur.

Le plus compliqué de ces retranchements est sans conteste celui

<hr>

[1] Germain et Andrews, *Matériaux*, 1881, p. 557, et *Annales de la Société des Lettres des Alpes-Maritimes*, 1882, p. 272. Cf. aussi Sénéquier, Chiris et Bottin, Annales de la même Société, t. IV, VII, VIII et X; Desjardins, *Les camps retranchés des environs de Nice*.

du Mont Bastide, véritable château avec angles chanfreinés, pièges, etc., le tout relevé par M. de Villeneuve qui a remarqué de frappantes analogies entre ces substructions et les ruines du château de Tirynthe, en Argolide.

On rencontre aussi dans les *castella* des environs de Monaco l'emploi de circonvallations ou d'enceintes multiples et concentriques de forme ovale, comme au Pain-de-Munition près Pourrières (Var).

Enfin, j'ai constaté au Mulet l'existence d'un donjon carré défendant le point le plus faible de la place.

Industrie. — La plupart de ces retranchements étant établis sur la roche, les vestiges d'industrie qu'on y rencontre sont très rares et en général assez mal conservés [1].

Le Musée de Monaco possède quelques haches en pierre polie et deux monnaies de bronze carthaginoises ou siciliennes (tête de Cérès et revers avec tête de cheval et palmier) qui proviennent du Casteleretto [2].

ITALIE. — Les habitants des montagnes de la Basse Ligurie n'ont jamais été complètement romanisés. La conquête a arrêté leurs incursions dans les plaines de l'Étrurie et de la Gaule, mais dans leurs Alpes et dans leur Apennin, ils ont continué à jouir d'une grande indépendance [3].

Ils ne paraissent pas avoir été inquiétés dans cette région montagneuse et pauvre dont les Romains n'avaient que faire et au travers de laquelle ne passait aucune voie fréquentée si on en excepte la Via Aurelia construite *tout au bord du littoral* vers l'an 12 avant notre ère seulement.

Ce fait explique peut-être l'extrême rareté des retranchements dans ce pays naturellement fortifié et d'accès si difficile. Aussi les

---

[1] Constatation confirmée par M. le Dr Fritz Mader, de Nice.

[2] Des exemplaires de cette monnaie et aussi des haches polies ont été rencontrées dans les *castella* des environs d'Aix en Provence.

[3] C'est là, du reste, ce qu'a parfaitement fait ressortir, en utilisant Dion Cassius, Strabon, Tite-Live, Pline, M. BULLOCK-HALL dans son livre *The Romans on the Riviera* (Londres, 1898), p. 57 et suiv.

La campagne entreprise par les Romains contre les Ligures commença en l'an 238 avant notre ère et dura, avec quelques intervalles de paix, plus de deux siècles.

castella, très nombreux sur la rive droite de la Roya, sont-ils l'exception sur la rive gauche.

M. le professeur Issel, de Gênes, qui connaît bien sa localité et qui a vu certains de nos *castella* provençaux, m'a assuré n'avoir jamais remarqué rien de semblable dans son pays, mais il a noté, dans ses courses, des grottes défendues par de petits retranchements.

De son côté, M. Clarence Bicknell, le distingué naturaliste anglais, qui depuis plusieurs années s'est fixé à Bordighera pour se consacrer à l'étude des gravures rupestres des vallées tributaires de la Roya, a bien voulu me signaler quelques amoncellements de pierres faits de main d'homme, mais sans pouvoir préciser l'âge de ces ouvrages [1].

Après avoir interrogé nombre d'érudits et d'archéologues italiens sur cette question, j'ai appris de M. le commandeur Paul Accame, membre de la Délégation royale d'histoire, qu'il existait non loin de Pietra Ligure, entre Savone et San Remo, un véritable *castellum* visité par lui l'été dernier. J'étais informé, d'autre part, de la présence d'un ouvrage analogue au nord-est de Finalmarina [2].

Enfin M. le Dr Fritz Mader, de Nice, qui connaît bien les sommets situés entre Vintimille et Pise, a bien voulu m'écrire « Il y a près du sommet du mont Bignone, derrière San Remo, des restes de murailles en pierres sèches, mais je les crois aussi peu préhistoriques que ceux du mont Vinaigrier à Nice, qui datent sans doute des nombreuses guerres des siècles derniers. Par contre, le mont Caggio (1090 mètres), entre le Bignone et Bordighera, porte au sommet un entassement de blocs qui pourraient se rapporter à une terrasse préhistorique analogue à celle qui couronne le mont Pacanaille (577 mètres) au nord de Villefranche-sur-Mer. »

Comme on le voit, les retranchements sont des plus rares en Basse Ligurie, mais, par contre, les stations ouvertes et en plein air y sont très nombreuses, ce qui indique chez les habitants l'absence du besoin de se fortifier, probablement pour les raisons données plus haut. Les vestiges d'industrie qu'on recueille, qu'ils

[1] Ses dernières explorations ne lui ont révélé aucuns vestiges d'habitations construites en pierres. BICKNELL, *Further explorations in the region of the prehistoric rock engravings in the Italian maritime Alps,* Bordighera, 1903, p. 5.

[2] Le mauvais temps qui régnait lors de mon court séjour sur la Riviera m'a obligé à remettre à plus tard ces excursions dans la montagne.

appartiennent aux néolithiques ou à leurs descendants possédant le bronze et même le fer, présentent assez d'analogies avec l'industrie provençale des habitats robenhausiens et des *castella* du temps de la colonie grecque (perfectionnement de l'outillage en silex, haches polies de dimensions plutôt réduites, poterie lissée et fumée [*ingobiata*], figurines en terre cuite, amulettes gravées, rareté des armes en bronze, vases et couvercles tournés en chlorito-schiste grenatifère appelé vulgairement en Italie *pietra ollare,* dont on se servait encore, dans les Alpes, pour des usages domestiques à une époque récente, et notamment près d'Ivrée en Piémont) [1].

J'ai poursuivi mes observations sur les retranchements antiques de l'Italie par l'examen des *oppida* de l'Étrurie en partie décrits par l'Anglais Dennis [2] (Volterra, Causa, Vetulonia, Fiesole, etc.).

Leur forme est généralement celle d'un rectangle; leur superficie varie de 8 à 12 hectares; leurs murs sont à assises régulières formées de blocs de grosses dimensions (certains ont plus de 1 mètre) alternants lit sur joint avec parement extérieur à grands bossages dont la saillie diminue à mesure que le mur s'élève, suivant une loi de statique observée dans le même pays par les architectes du moyen âge qui ont construit les *palazzi* florentins.

L'emploi de gros blocs dans la construction des remparts semble être une tradition pélasgique, une sorte de renaissance de l'appareil cyclopéen introduite en Italie par les premiers Étrusques, venus de la Grèce, vers le ixe siècle avant J.-C.

L'*oppidum* d'Entremont près Aix en Provence et la partie ancienne des remparts de celui de Constantine (Lançon) offrent des dispositions analogues à celui de Fiesole, dans la forme, dans la situation (un plateau entre deux petits mamelons) [3], dans le choix de gros matériaux et dans leur disposition alternante, mais la taille et l'appareillage n'ont pas le fini que l'on remarque à Fiesole. Aussi, si l'on

---

[1] La substance employée pour les meules à grain diffère : en Provence, la plupart sont en basalte, quelquefois en porphyre; en Ligurie, c'est le quartzite qui domine, cette région possédant de nombreux gisements de cette roche.

[2] *Cities and cemeteries of Etruria,* 2 vol. Londres, 1870; 2e édit.

[3] L'*oppidum* de Fiesole était composé, comme celui d'Entremont, d'un vaste rectangle dont les remparts formant les deux grands côtés sont encore visibles; celui du nord se voit encore auprès du théâtre romain et j'ai remarqué une notable portion du rempart sud, en montant, dans le voisinage du portail de la villa Belvédère.

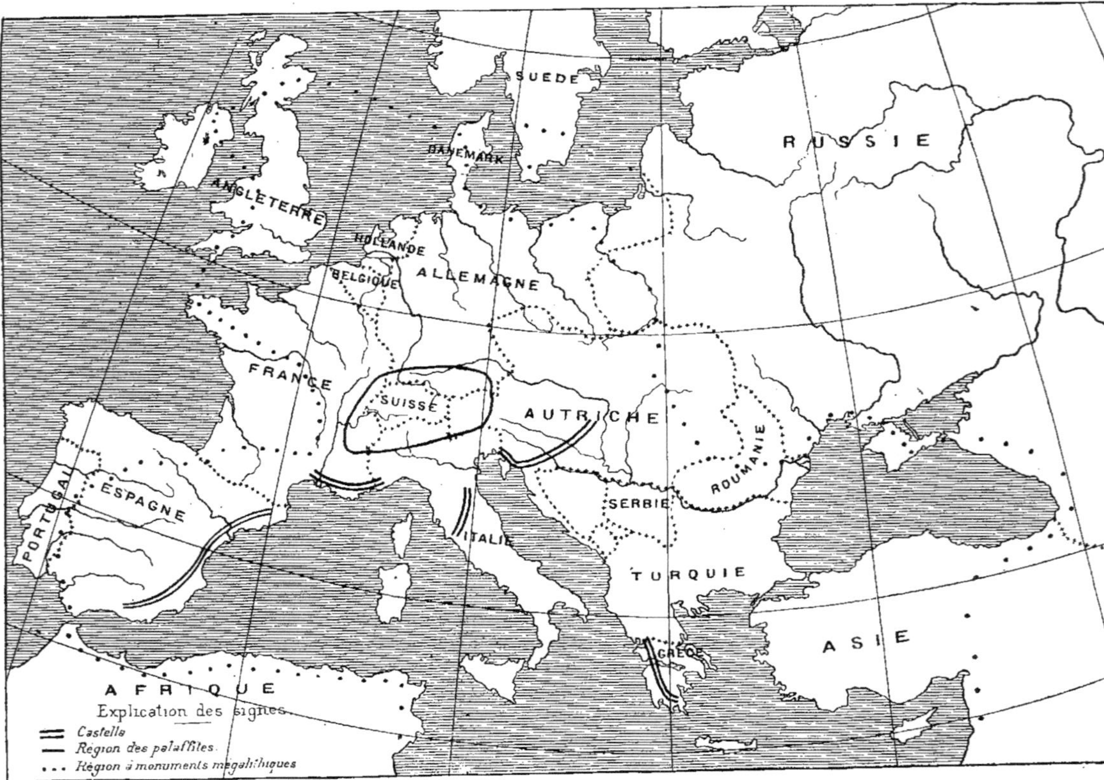

SUEDE
RUSSIE
DANEMARK
ANGLETERRE
HOLLANDE
BELGIQUE
ALLEMAGNE
FRANCE
SUISSE
AUTRICHE
ROUMANIE
SERBIE
ESPAGNE
PORTUGAL
ITALIE
TURQUIE
GRECE
ASIE
AFRIQUE
Explication des signes
Castella
Région des palaffites
Région à monuments mégalithiques

admet un jour la contemporanéité de ces ouvrages, il faudra tenir compte du degré de civilisation bien différent des Étrusques et des habitants du sud de la Gaule.

Il existe également des ouvrages retranchés qui remonteraient à une haute antiquité en Istrie, où ces monuments, appelés *castellieri*, sont très nombreux et ont fait récemment l'objet d'une importante publication [1]; dans le Placentin, où l'*oppidum* de Citta d'Umbria, avec ses murs de 2 mètres d'épaisseur en pierres non travaillées, fournit un des types les plus caractéristiques du genre pour cette localité [2].

Pour pouvoir fixer la distribution géographique de ces *castella*, j'ai dressé une carte d'Europe où les régions qui en comportent sont traversées par un trait double. Je n'ai tenu compte ici que des retranchements en pierres sèches de l'époque du fer, qu'une différence d'âge empêche de relier aux camps néolithiques, aux forts vitrifiés de la Creuse et des Îles Britanniques, aux *oppida* avec murs en terre, etc. [3] que l'on rencontre un peu partout.

Sur le même graphique j'ai fait figurer, comme éléments accessoires au sujet, la zone des palaffites ou habitations lacustres (délimitée par un trait simple), et une ligne pointillée indique sur la même carte la répartition des monuments mégalithiques.

De l'examen de ce tracé il ressort que les régions à monuments mégalithiques forment une chaîne ininterrompue qui enveloppe le pays des palaffites et que ces deux zones, presque concentriques, ne se pénètrent pas et ne sont pas davantage pénétrées par le chaînon des *castella*.

II

CÉRAMIQUE PRÉROMAINE.

La céramique néolithique de la Riviera est d'un *facies* assez semblable au facies de celle de Provence: mêmes procédés de fabrica-

---

[1] MARCHESETTI, *I Castellieri preistorici di Trieste e della regione Giulia*, Trieste, 1903.

[2] PALESTRELLI, *La Citta d'Umbria*, ouvrage publié par la Députation royale *di storia patria*, in-4°; 76 pages avec plans et cartes.

[3] Le Mis DE NADAILLAC a résumé les descriptions de ces différents ouvrages dans *Les premiers hommes et les temps préhistoriques*, Paris, 1881, t. I, p. 387 et suiv.

peints en rouge, noir, jaune ou brun, qui a la Grèce pour pays d'origine et que l'on attribue au viiie et au viie siècle [1];

2° La poterie dite étrusque, à sujets incisés représentant des scènes mythylogiques peintes en noir sur fond brique (vie siècle) ou brique sur noir (ve et ive siècles) [2];

3° La poterie étrusque unie, noirâtre et ornée de têtes de clous en relief, qui paraît être une imitation des vases en métal;

4° La poterie de Cumes, à godrons [3];

5° La poterie noire campanienne en terre rouge avec vernis noir sur les deux faces, ornée de fleurs, de feuilles ou palmettes imprimées au centre ou disposées en croix ou en orle dans le fond des vases (iiie et iie siècles) [4].

III

DE DIVERS POINTS COMMUNS
À L'ARCHÉOLOGIE LIGURE ET PROVENÇALE.

Les observations faites depuis de longues années par les archéologues italiens et par leurs confrères provençaux, observations sans cesse confirmées par les découvertes les plus récentes, ont établi que, des deux côtés de la frontière :

1° Les gisements franchement paléolithiques sont extrêmement rares;

2° La période néolithique a eu une très longue durée et un développement inconnu des régions du centre et du nord de l'Europe;

3° Par contre, l'âge du bronze y existe à peine [5] et témoigne de la connaissance précoce du fer par les habitants de ces pays;

[1] Vasseur, *op. cit.* Clerc et Arnaud d'Agnel, *Découvertes archéologiques à Marseille*, 1903.

[2] *Ibid.*

[3] *Ibid.*

[4] H. de Gérin-Ricard, *Incarrus positio*, 1904, *Revue de Provence*, p. 142, et Vasseur, *op. cit.*

[5] C'est là ce qu'avait soutenu M. Alexandre Bertrand, il y a près de vingt ans; en Italie, MM. Pigorini, Issel, Colini, etc., sont arrivés à pareilles conclusions et j'ai moi-même corroboré ces observations, pour la Provence, dès 1899 (*Statistique préhistorique et protohistorique des Bouches-du-Rhône, du Var*, etc., p. 12).

4° Les monuments mégalithiques sont à peu près inconnus dans ces contrées, quoi qu'en aient dit des auteurs modernes et contemporains, qui ont ainsi continué des erreurs traditionnelles propagées par de vieux historiographes locaux. À ce propos, M. Issel m'a assuré que les pierres de la Riviera citées comme mégalithiques ne sont que des blocs erratiques n'offrant aucune des traces très reconnaissables que laisse le transport par la main de l'homme.

À la deuxième époque du fer semble appartenir la stèle (n° 199) du Musée archéologique de Gênes découverte en 1827 dans l'*Agro Lunense*.

Pierre (1 mètre de haut, o m. 35 de large, o m. 20 d'épaisseur) dont la forme générale est celle d'une statue dépourvue de bras et de jambes. Sur la portion de la pierre figurant la tête est sculpté un visage humain de face; le nez et les yeux sont seuls indiqués. Les yeux sont circulaires et en relief; le nez est sur la même ligne que le front, comme dans les statues grecques archaïques. Sur le côté gauche et dans le sens de la longueur de la pierre il existe une inscription en caractères étrusques gravée à la pointe ſVMVᴹƎᴎVⱶƎᴹ.

Ce monument a été considéré comme étrusque par les auteurs du catalogue dressé en 1892 [1] à cause des caractères employés pour l'inscription. Cette attribution est, à mon avis, discutable si l'on veut bien considérer que le monument a été trouvé en Ligurie, que la graphie des Ligures nous est inconnue et que rien ne dit qu'ils ne se servaient pas de l'alphabet étrusque [2], de même que les Celto-Ligures du midi de la Gaule ont adopté les caractères grecs avant la conquête romaine et ont continué à s'en servir après [3].

<hr>

[1] MM. Poggi, Cervetti et Villa.

[2] Je puis citer à l'appui de cette thèse l'opinion émise par Mommsen (*Die nord-etruskischen Alphabete auf Inschriften und Münzen*, Zurich, 1853) en présence des textes épigraphiques étrusques découverts dans l'Italie du Nord, en Suisse et en Autriche : « Il était tout naturel que les peuplades des Alpes aient emprunté l'écriture du peuple civilisé le plus rapproché; attribuer pour ce motif aux tribus alpestres une origine étrusque ne serait pas plus sensé que de considérer comme des Anglo-Saxons les nègres qui emploient des caractères anglais pour écrire leur propre langue. »

[3] Il existe en Provence tout un groupe d'inscriptions ligures ou gauloises en caractères grecs. On en a trouvé à Orgon, l'Isle, Gargas, Apt, Vaison,

De plus, le faire de cette tête ne ressemble en rien aux sculptures étrusques de la première époque, dont le Musée archéologique de Florence possède de si beaux spécimens [1].

Nous sommes ici en présence d'un art primitif absolument semblable à celui dont nous possédons des manifestations notamment dans les *mourgues* [2] du pays d'Arles, statues énigmatiques, considérées par certains comme des dieux termes et qui me paraissent devoir être emplacées au point de vue de l'âge entre les statues-menhirs de l'Aveyron découvertes par l'abbé Hermet et la tête sculptée trouvée à Orgon [3], en pleine Provence, c'est-à-dire bien loin de l'Étrurie, tête qui rappelle de très près le modelé et la technique de celle du Musée de Gênes.

Les Ligures, très en retard sur leurs voisins les Étrusques au point de vue de l'esthétique, paraissent par contre avoir été très avancés dans l'art des fortifications et de la balistique et aussi dans la navigation.

Ce peuple, qui n'a été que difficilement et très tardivement romanisé, exerçait surtout la piraterie, et c'est ce qui explique la rareté des comptoirs grecs établis sur la Riviera.

La plus grande partie de ces montagnards qui habitaient les vallées et les contreforts des Alpes et de l'Apennin septentrional n'en descendaient que pour faire des incursions guerrières chez leurs voisins ou pour piller les établissements de la côte, et il a continué à en être ainsi sous la domination nominale des Romains et même pendant le moyen âge, où au moindre trouble que faisaient naître les compétitions politiques ou de simples rivalités entre deux fa-

Malaucène, Cavaillon, Cadenet, Ventabren (cf. *Mém. de l'Acad. de Vaucluse*, t. III, 2ᵉ s., p. 164, et H. DE GÉRIN-RICARD, *Acad. des Inscript. et Belles-Lettres*, 1903, p. 59 et 108, et *Bull. archéologique du Comité des travaux historiques*, séance du 18 avril 1904).

[1] Salle XXI. Cf. MILANI, *Museo topografico dell' Etruria*, 1898, p. 53, 62, 125.

[2] Blocs plantés représentant une forme humaine et appelés *mourgues* (moines). Il en existe deux entre Tarascon et Sᵗ-Remy.

[3] CLERC, *Tête antique trouvée à Orgon.* (*Rev. des Études anciennes*, Bordeaux, 1904, t. VI, p. 145.) À rapprocher aussi de cette figure humaine le bas-relief de Montsalier (Basses-Alpes) et la tête qui se voit sur un cippe plus récent (1ᵉʳ siècle après J.-C.) trouvé à La Fare (Bouches-du-Rhône) et reproduit par M. ARNAUD D'AGNEL, d'après une de mes photographies, dans la *Revue des Études anciennes*, 1903, t. V, p. 297.

milles puissantes, les montagnards, informés de ces faits, descendaient par les vallées qui débouchent sur le littoral, munis d'un gourdin et d'un sac vide, l'un servant à remplir l'autre ; ils se joignaient à la fraction qui leur paraissait la plus forte et, profitant du désordre, ils pillaient églises, couvents et palais. Après quoi, ils regagnaient leurs montagnes chargés d'un butin dont on retrouve encore aujourd'hui de précieux restes dans les ruines de cabanes de pâtres.

Un autre point commun à l'archéologie ligure et provençale est le mode de sépulture par *inhumatio* dans des amphores de grandes dimensions, très répandu au commencement de l'époque historique et jusqu'à notre ère, aussi bien à Marseille et à Gênes que dans les environs de ces deux villes.

CONCLUSIONS.

L'archéologie des deux provinces maritimes séparées par les Alpes, à part quelques différences de détail que j'ai cherché à expliquer et dont la cause peut être attribuée à des conditions locales, offre des rapports assez étroits.

Cette constatation vient appuyer les textes et les observations onomastiques [1] qui établissent l'indiscutable communauté d'origine des habitants de la Provence et de ceux de la Ligurie.

M. Colini est arrivé, de son côté, à pareilles conclusions, lorsqu'il dit : « Nous devons retenir que la civilisation néolithique italienne offre des caractères de similitude dans l'art, les costumes, les rites funéraires et les modes d'habitation avec celle des bords de la Méditerranée et plus spécialement avec la région de la Méditerranée occidentale, ressemblances de nature à faire croire que cette civilisation fut introduite de part et d'autre par un rameau de la même famille, et l'identité de cette civilisation n'a été modifiée que par des conditions locales [2]. »

J'ajouterai seulement que cette manière de voir doit s'étendre

[1] Il convient de signaler sur cette branche et plus particulièrement sur la toponymie ligure les travaux de M. Gaëtan POGGI, pleins de remarques heureuses et nouvelles. Voir notamment : *Genoati e Veturii*, commento a la tavola di bronzo, Gênes, 1900; *Luni ligure-etrusca e Luna colonia Romana*, Gênes, 1904.

[2] COLINI, *op. cit.*, p. 33.

aussi aux périodes post-néolithiques et jusqu'à l'époque de l'incorporation de la Provence à l'Empire romain.

IV

REMARQUES SUR DEUX SORTES DE POTERIES
DE L'ÉPOQUE GALLO-ROMAINE INCONNUES EN ITALIE.

Poterie orange. — Cette céramique, que l'on rencontre en Provence dans les milieux préromains de l'époque de la colonie grecque et aussi dans des *villæ* gallo-romaines du temps d'Auguste, se distingue par la finesse de sa pâte, son galbe élégant, sa légèreté, son engobe de couleur orange extrêmement mince et son ornementation composée de petits dessins en relief (obtenus dans un moule) représentant des rinceaux, divers motifs végétaux, des imbrications en écailles arrondies ou anguleuses d'un relief peu accusé.

À ma connaissance il n'a rien été publié, au moins pour ce qui concerne notre région, sur cette poterie vraiment artistique et qui comprend des vases de formes variées, mais tous de petites dimensions.

Je n'ai vu en Italie qu'un seul échantillon de cette céramique; il provient de la frontière de Vintimille et appartient à M. Issel. C'est un petit vase à fond conique et à pied, orné d'enlacements de plantes dont les extrémités sont garnies de fers de flèches comme des foudres.

Ce n'est donc pas en Italie, mais très probablement en Gaule qu'il faut rechercher le ou les centres de fabrication de cette poterie orange.

Poterie grise à dessins estampés. — Cette poterie, d'un gris ardoise, ornée le plus souvent de rouelles, de palmettes et d'arceaux estampés au moyen de matrices en bois appliquées sur la pâte, a été remarquée en Provence depuis trois ans à peine, et à ce moment on avait cru pouvoir lui attribuer une provenance toute locale et un âge reculé (époque ligure).

Sa rareté relative a fait renoncer à y voir un produit de l'industrie fictile indigène.

En recherchant son aire de dispersion, on est parvenu à savoir qu'elle se rencontrait abondamment dans l'ouest de la France et

notamment à Poitiers, à Bordeaux, à Arcachon, où certains de ces vases portaient des inscriptions et des signes chrétiens [1]. Elle doit donc être considérée comme de basse époque ou au moins comme ayant été en usage jusque vers la fin de l'Empire, car elle a été rencontrée non seulement dans des milieux de l'époque des invasions, mais aussi, associée à la poterie sigillée, dans des gisements romains des Bouches-du-Rhône et du Var.

Les localités qui ont fourni des échantillons de cette poterie sont Marseille [2], Bouc, Pomponiana, la Nerthe (grotte) [3], Arles, Tauroentum, Aubagne [4], Tourves [5], et mes recherches personnelles me permettent d'ajouter à cette courte liste :

1° L'*oppidum* de Constantine (Lançon);

2° Le *castellum* de Sainte-Croix (Salon), qui m'a fourni aussi des tessons en poterie rouge avec engobe rappelant celui de la poterie sigillée, décorés des mêmes ornements estampés que ceux qui caractérisent la poterie grise (arceaux, palmettes et rouelles);

3° Orgnon et le Camp d'Aga [6] près Saint-Zacharie (Var), où ont été trouvés les fragments figurés ici (planche II) [7]; à remarquer sur l'un d'eux des palmettes assez semblables à des épis de seigle;

4° L'ermitage de Saint-Jean-du-Puy (Trets), d'où proviennent les plus importants fragments trouvés jusqu'à présent de cette céramique, dont on ne possède encore aucun vase entier.

[1] *Bull. de la Société archéologique de Provence*, 1904, p. 28.

[2] Découvertes J. AUBERT, décrites par MM. CLERC et ARNAUD D'AGNEL. *op. cit.*

[3] VASSEUR, *op. cit.* et *Bull. de la Société archéol. de Prov.*, 1904, p. 28: VASSEUR ET RÉPELIN, *ibid.*, p. 83.

[4] BOUT DE CHARLEMONT, *Bull. de la Soc. archéol. de Prov.*, 1904, p. 26 et 29.

[5] H. DE GÉRIN-RICARD, *Notes archéologiques sur Tourves*, *Répert. des travaux de la Société de statistique de Marseille*, tome 43, p. 447, 1904.

[6] *Aga* ou *Agas*, nom provençal d'un érable, *Acer campestre* (Lin.), en français : bois de poule, auzerole.

[7] Ces fragments et ceux de Saint-Jean de Trets ont été trouvés par M. Victor Fabre, de Saint-Zacharie, et font partie de ses collections. Ils ont de 7 à 9 millimètres d'épaisseur et se rapportent tantôt à des plats à rebord d'un diamètre de o m. 28 environ, mais plus souvent à un type de bol se rapprochant de celui si répandu dans la poterie sigillée, mais sans pied et avec fond légèrement bombé. Deux gros fragments, allant du col au fond, se rapportent à des vases qui mesuraient o m. 22 de diamètre et o m. 11 de hauteur. En s'aidant de ces tessons, M. H. Pauzat est parvenu, par le moulage, à reconstituer un de ces vases en entier. Je destine ce moulage au Musée de Saint-Germain.

La terre employée à la fabrication de la poterie grise est tantôt micacée et âpre au toucher, d'autres fois à patine luisante sans trace de mica, ce qui semble indiquer plusieurs centres de fabrication. Sa teinte ardoisée permet de la distinguer facilement des autres produits céramiques de couleur grise.

J'ai recherché en vain l'existence de cette poterie en Italie. Elle y est absolument inconnue, de l'aveu de Mgr Duchesne, de M. Pigorini et de tous les archéologues à qui j'en ai montré des spécimens et des reproductions photographiques.

En outre, j'ai pu me convaincre que l'ornementation des bijoux, des armes et des poteries trouvés dans les tombes lombardes des environs du viie siècle de notre ère ne rappelait en rien le style décoratif de la céramique dont il s'agit.

Il résulte donc des constatations faites en Italie et en Provence que cette poterie devait avoir son lieu de fabrication en Gaule et probablement sur le versant océanien où elle est plus particulièrement abondante.

Veuillez agréer, Monsieur le Ministre, l'assurance de mon respectueux dévouement.

Terminé à Marseille, le 5 juin 1905.

H. DE GÉRIN-RICARD.

RAPPORT

SUR

UNE MISSION SCIENTIFIQUE

EN TRIPOLITAINE,

PAR M. H. MÉHIER DE MATHUISIEULX.

MONSIEUR LE MINISTRE,

J'ai l'honneur de vous adresser le présent rapport au sujet de ma troisième exploration de la Tripolitaine proprement dite.

Un iradé m'ayant été accordé par le Sultan, je me suis embarqué le 22 mars, avec le projet suivant :

1° Compléter mon investigation scientifique de la Tripolitaine proprement dite, en visitant les districts que je n'avais pu aborder dans les voyages de 1901 et de 1903 ;

2° Pousser une excursion aussi lointaine que possible dans la direction de Rhadamès et de Rhat ;

3° Étudier les ruines du plateau de Barka (Ben-Ghazi) et en particulier celles de l'ancienne ville grecque de Cyrène.

À mon arrivée à Tripoli de Barbarie, le consul général de France m'informait qu'aucune signification de l'iradé n'était parvenue au Gouverneur général ottoman et que celui-ci ne me laisserait rien entreprendre sans l'autorisation expresse de Constantinople. La pièce officielle n'est arrivée au *Vali* que le 20 mai et je me suis immédiatement mis en route pour l'intérieur, avec l'ordre de renoncer à Rhadamès, à cause des troubles qui sévissaient à ce moment dans cette région.

J'ai eu la grande satisfaction de pouvoir achever, dans le vilayet de Tripoli, l'œuvre à laquelle je m'étais consacré depuis quatre ans. Mais à mon retour à la côte, au moment de m'embarquer pour Ben-Ghazi, les difficultés ont surgi pour le supplément de voyage que je projetais en Cyrénaïque. Le Mouteçarref (gouverneur) de Ben-Ghazi, indépendant du Vali de Tripolitaine (à ce point hostile aux Européens qu'il interdit même à notre consul de chasser à une heure de Ben-Ghazi), a manifestement montré qu'il s'opposerait à mon voyage à Cyrène, malgré l'iradé de la Sublime-Porte. Jouant sur les mots, il a objecté que les termes de l'iradé impérial n'étaient pas suffisamment explicites et qu'il lui fallait des instructions supplémentaires. Nous étions alors au mois de juin. Attendre une nouvelle pièce officielle de Constantinople reportait l'excursion cyrénéenne à deux ou trois mois et déjà la saison était si avancée que le maréchal (Redjeb Pacha) déclarait ne pouvoir plus fournir d'escorte avant l'hiver prochain. Je suis alors rentré en France, renvoyant l'exploration de la Cyrénaïque à l'année suivante. Il n'y a pas lieu, je crois, de regretter l'échec momentané de Ben-Ghazi et de Rhadamès. Je ferai ultérieurement le voyage de Ben-Ghazi, en une exploration localisée dans cette région, ce qui permettra d'y consacrer tout le temps dont je dispose pour une tournée. Quant à Rhadamès, dont les vestiges archéologiques sont déjà bien connus par les explorations de Mircher et de Duveyrier, je tenais surtout à cette excursion pour me renseigner copieusement sur la situation économique du Soudan français, au point de vue du trafic avec la Méditerranée. Or j'ai réussi à m'aboucher avec presque toutes les caravanes qui en revenaient, en plein désert, de sorte que j'ai obtenu les mêmes résultats.

Comme je l'ai dit plus haut, je me suis attaché, dans cette exploration de 1904, aux régions que je n'avais pas encore parcourues. Le soin que j'avais pris, dans mes deux précédents voyages, d'étudier tous les districts où personne n'avait mis le pied et où les indigènes signalaient des ruines, laissait moins de chances pour une nouvelle cueillette abondante de documents matériels, mais il n'en était pas moins indispensable de s'assurer de ce qu'étaient exactement les districts qui restaient inconnus.

Outre les quelques traces nouvelles que j'y ai trouvées (monuments romains, inscriptions, etc.), j'ai pu ainsi reconstituer *en son entier* la répartition de l'occupation ancienne sur tout le territoire tripolitain. C'était précisément la tâche que je m'étais spécialement imposée, parce qu'elle comblait (autant qu'on le peut momentanément, où les fouilles sont sévèrement interdites) la grosse lacune dont se plaint depuis si longtemps la science archéologique.

Je crois donc devoir faire ressortir, dans ce rapport, cet intérêt principal de mes trois explorations, en renvoyant aux deux précédents rapports pour ce qui a été étudié en 1901 et en 1903; je donnerai l'exposé des découvertes nouvelles, à mesure qu'elles se présenteront à leur place normale dans la description générale.

Suivant les grandes divisions naturelles de la géographie, que j'ai exposées en 1903, je classe la présente étude par régions :
1° Le littoral;
2° La Djeffara, ou plaine désertique;
3° Les Djebels, ou bordure septentrionale du grand plateau;
4° Le T'ahar, ou grand plateau intérieur;
5° Le Tarhouna, ou plateau intermédiaire, entre le T'ahar et la mer.

LE LITTORAL.

Les trois grands *emporia* (Oea, Leptis Magna, Sabratha), qui ont valu à toute la région syrtique le nom de *Tripolis,* ont été étudiés dans les voyages de 1901 et 1903 (*Nouvelles Archives des Missions scientifiques,* t. X et XII).

Sabratha. — L'itinéraire de 1904 n'a pas passé par l'emplacement de ces ruines, où je savais d'ailleurs qu'aucun mouvement du sol (déplacement des collines de sable) n'avait changé la partie visible des vestiges [1].

Oea. — La ville actuelle de Tripoli, bâtie sur les ruines de l'ancien port phénico-romain d'Oea, ne révélera longtemps encore que son arc de triomphe, bien connu. Mais il semble que les environs immédiats réservent de précieuses découvertes. On a en effet trouvé, en 1903, à Gargarech (6 kil. ouest de Tripoli), un tombeau souterrain, avec fresques et inscriptions romaines. M. Clermont-Ganneau y a reconnu un document historique important, dont il a rendu compte à l'Académie des inscriptions.

---

[1] Un fonctionnaire turc a trouvé à Sabratha un buste de 0 m. 11 de hauteur, en terre cuite et sans grand intérêt.

Il s'agit de l'affiliation des femmes au culte de Mithra. Les deux époux enterrés à Gargarech, indigènes *romanisés,* avaient le grade de « Leo », c'est-à-dire qu'ils appartenaient à la quatrième classe de la secte mithriaque, initiée à la communion sous les trois espèces : pain, vin et eau.

À proximité de ce double tombeau, décrit par M. Clermont-Ganneau, on a découvert des catacombes, mais la police turque en a immédiatement fait boucher l'entrée. Cette trouvaille a même été tenue secrète et je ne l'ai apprise que par hasard.

Ces rares vestiges n'en démontrent pas moins que les alentours de l'antique Oea doivent recéler des documents précieux de domination romaine.

Leptis Magna. — Lorsque je visitai les ruines superbes de Leptis Magna, en 1901, le temps m'était trop mesuré par l'Administration ottomane pour que je ne le consacrasse pas tout entier à la ville elle-même. Il m'avait été absolument impossible de songer aux ruines du mont Mergheb, situées à 6 kilomètres de Leptis. Dans ce dernier voyage, j'ai fait le détour de Khoms, tout exprès pour étudier ces vestiges, qui complètent ceux du grand *emporium.*

Le *mont Mergheb* se trouve à 3 kilomètres S.-O. de Khoms, au bord oriental de la région montagneuse que le plateau de Tarhouna projette au nord, jusqu'à la mer. Cette élévation isolée et garnie de pentes abruptes défend le passage de la route, encore suivie par les caravanes, entre Tripoli et Leptis Magna. Elle mesure 115 mètres d'altitude totale, et 95 mètres d'altitude au-dessus des petites plaines ambiantes.

Le sommet, terminé par une terrasse de 65 mètres de longueur sur 30 mètres de largeur, est couronné par les ruines d'un *castellum* et d'une porte.

Castellum. — De forme rectangulaire, il mesure 22 m. 50 sur un côté et 14 m. 60 sur l'autre. Toute la construction, en belles pierres de taille, se compose d'une enceinte soutenant une terrasse, autour d'un réduit A.

L'entrée de l'enceinte est ouverte sur le côté nord-oriental. Elle forme un couloir coudé à angle droit, large de 2 mètres. L'entrée

du réduit s'ouvre du même côté par une porte voûtée, haute de
1 m. 70 et large de 0 m. 90.

Il ne paraît pas que les murs de l'enceinte aient jamais dépassé
la hauteur d'homme du côté intérieur; mais à l'extérieur ils
dominent encore de 3 mètres en certains endroits le sol environnant. À l'est et à l'ouest, ils surplombent immédiatement les
pentes à pic. Leur épaisseur est partout de 1 mètre.

Le réduit A, rectangulaire aussi, mesure 7 m. 90 sur la façade
de la porte et 8 m. 50 sur la façade sud-orientale. La hauteur
maxima actuelle est de 9 mètres.

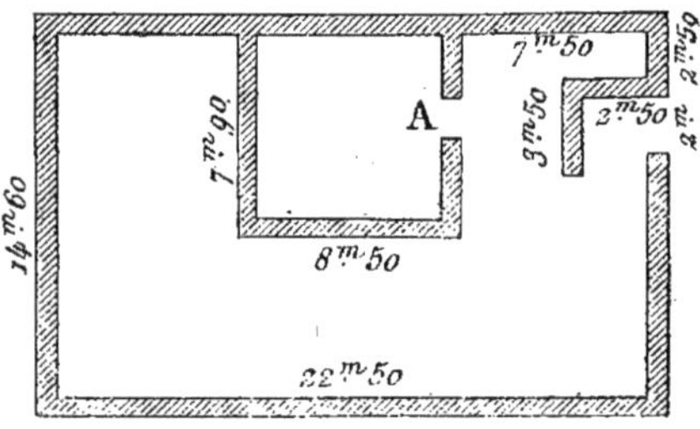

La porte est voûtée. La hauteur au-dessous de la voûte mesure
4 m. 50; l'ouverture, 2 mètres de largeur.

Cette porte est continuée, du côté intérieur, par deux murs
parallèles, longs de 9 m. 80 et épais de 0 m. 57. Elle donnait
probablement accès à l'intérieur d'une première enceinte, qui
comprenait le *castellum* et d'autres bâtiments (une bourgade, ou
des édifices publics), mais l'état actuel des décombres ne permet
pas de discerner un détail quelconque. Les moindres fouilles four-
niraient sans doute d'amples documents, car l'amas des pierres
de tailles est considérable. Je n'y ai remarqué aucun ornement,
aucune inscription.

Selon ce que j'ai observé partout ailleurs en Tripolitaine, les
ruines du sommet du Mergheb sont les restes d'une forteresse,
ou d'un village fortifié, destiné à servir d'abri à la population
agricole qui s'était établie dans les vallons et les petites plaines
d'alentour.

On trouve en effet, jusqu'à 10 kilomètres de rayon, les traces
de fermes nombreuses et de mausolées. Il existe une série de bases

de tombeaux, au pied du mont, sous le versant méridional, exactement sur la piste caravanière de Tripoli à Leptis.

Un de ces tombeaux est encore dans un assez bel état de conservation, mais les sculptures en ont été arrachées. Il mesure 4 mètres de hauteur et ses murs ont 1 mètre d'épaisseur, tout en pierre de taille. L'intérieur, en moellon, est voûté. Une porte, ouverte du côté est, mesure 1 m. 60 de hauteur et o m. 70 de largeur. À 50 mètres environ au sud de ce mausolée, on voit encore distinctement les traces d'une bourgade, avec des pierres de taille en grand nombre.

Au nord du mont Mergheb, à environ 2 kilomètres de la base, à égale distance entre cette base et le littoral, se trouvent les vestiges d'une autre bourgade, portant sur l'enceinte un *sanam* ou *torcular* (pressoir à huile). Les pierres de taille amoncelées ne laissent discerner aucun détail.

À 300 mètres au sud de ces mêmes ruines, j'ai trouvé une borne milliaire, en fort mauvais état, que j'ai estampée, et dont M. Toutain a fait la lecture comme il suit :

```
IMP      CAE
SAR M CLAV
DIVS TACI
TVS PIVS
FELIX AVG
PONTIFEX
MAXIMVS
TRIBVNICI
A POTESTA
```

Il s'agit donc d'une borne milliaire au nom de l'empereur Tacite, datée de l'an 276 ap. J.-C. (entre janvier et avril). Les caractères, très peu soignés, mesurent o m. 08 de hauteur. La colonne a 1 m. 50 de longueur et o m. 40 de diamètre.

Tout près de cette borne, autre amas de pierres de taille, au-dessous desquelles on distingue la base d'un vaste mausolée carré, dont la chambre était souterraine.

Ma seconde visite aux ruines de Leptis ne m'a fait découvrir que quelques nouvelles inscriptions, sans grand intérêt :

Caractères : haut. = 0 m. 12.

Caractères : haut. = 0 m. 20.

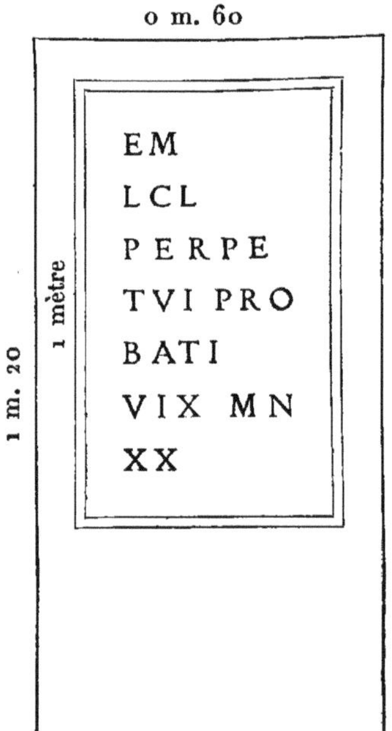

Caractères : haut. = 0 m. 10.

DM
C L
VICT
I

Caractères mauvais : haut. = 0 m. 08.

D M
C LAV.
DIAE
SALVI
AE

Beaux caractères : haut. =°o m. 12.

Enfin, parmi les pierres de taille d'un bâtiment encore debout,
on lit l'inscription suivante :

Caractères : haut. = o m. 12.

Les statues trouvées à Leptis, qui figuraient l'an dernier devant
l'entrée de la caserne turque de Khoms, viennent d'être portées à
Tripoli, pour orner le jardin public du cercle des officiers.
  Un bas-relief, qui se trouve actuellement au Consulat général
de France, vient, selon toute apparence, de Leptis également.

On sait, par l'Itinéraire d'Antonin et par les Tables de Peutin-
ger, que le littoral tripolitain était rempli de petits ports et de
caravansérails à l'époque romaine. J'ai suivi ce littoral, sans interruption, depuis la frontière tunisienne jusqu'à Misrata et je n'y
ai presque rien retrouvé. Même les vestiges que Tissot et Beechy
signalent comme existant encore ont disparu et il faudra des
fouilles pour en retrouver l'emplacement.
  1° Entre la frontière tunisienne et Sabratha, rien ne subsiste de
Pisida (Pisinda, Fisida), *Locri, Gypsaria-Taberna, Casas* et *Ad
Ammonem.*
  2° Entre Sabratha et Oea (Tripoli), rien de *Pontos* et de *Vax.*
Mais sur la plage de l'oasis de Sayed, quelques mosaïques appa-

raissent sous le sable, qui pourraient bien faire partie des restes d'*Assaria*.

3° Entre Oea (Tripoli) et Leptis Magna, je n'ai rien retrouvé de *Turris ad Algam* (Tadjourah), *Getullu-Magradi* (Meghertis), *Amaraeas, Minna, Quintillana, Graphara, Ad Palmam*.

4° Entre Leptis et Misrata, rien non plus de *Nivirgi Taberna*. Mais j'ai trouvé à 3o kilomètres ouest de Misrata (*Tubactis, Thebunte*) les traces d'une bourgade romaine, qui est certainement *Simnvana* (Zerck).

Elles consistent en amas de pierres de taille, où l'on ne distingue plus que des torculars, avec leurs piliers verticaux et les dalles horizontales et cannelées de leur base. J'y ai remarqué en outre : des réservoirs à huile, des restes de citernes et des conduites d'eau souterraines.

Sur ce littoral, j'ai étudié les rares vestiges de la ville grecque de *Cynips*, près de l'estuaire du ouadi du même nom (aujourd'hui Ouadi Kaan) et j'en ai donné la documentation dans mon Rapport de 1903.

Même observation pour la tour de *Gouspat*, superbe monument carré, en pierres de taille, situé à 4 kilomètres ouest de Zlitten. Elle pourrait bien indiquer l'emplacement de *Sugolin*, qui aurait probablement succédé à Cynips, lorsque la jalouse Carthage détruisit de fond en comble la rivale hellénique.

En résumé, le littoral tripolitain n'offrira plus d'intérêt, pour les recherches archéologiques, d'ici à ce que les fouilles soient autorisées, car j'ai relevé tout ce qui reste apparent, entre Zarzis et l'extrémité occidentale de la Grande Syrte.

LA DJEFFARA OU PLAINE DÉSERTIQUE

DU LITTORAL.

La Djeffara est un palier maritime, entre la plage et la grande falaise septentrionale du plateau intérieur. Cette plaine, légèrement ondulée, s'élève insensiblement jusqu'à la falaise, où elle mesure 3oo mètres d'altitude. Elle court depuis la frontière tunisienne jusqu'à la Grande Syrte, avec des largeurs variables. Les collines que le Tarhouna projette jusqu'à la mer, à l'ouest de Khoms, la partagent en deux tronçons.

Toute la partie comprise entre les djebels Nefousa, Yffren,

Gariana et la mer, est presque entièrement désertique. On n'y trouve que de rares champs d'orge semés dans les bas-fonds. Cependant la zone où se perdent les nombreux ouadis de la montagne forme un ruban de céréales, large d'une dizaine de kilomètres.

Je n'ai trouvé aucun vestige de l'occupation romaine dans la Djeffara. On conçoit qu'il ne pouvait y avoir aucune installation dans l'antiquité sur ce sol qui témoigne de son éternelle aridité. Cependant, dans la zone des pertes de ouadis, il existe, aux environs de l'oasis de Djoch, un amas de pierres (en excellent petit appareil) et quelques murailles fort bien construites, qui sont évidemment de provenance latine. Les indigènes nomment *Sabria* ce site, et j'ai dit dans mon Rapport de 1903 pourquoi je crois y voir les restes d'une Sabratha intérieure, dont parle Ptolémée.

La partie orientale de la Djeffara, comprise entre Khoms et Misrata, n'est pas plus riche en documents historiques, bien que la proximité des versants du Tarhouna la rendent généralement moins aride. Je n'y puis signaler qu'une bourgade ancienne, d'apparence assez vaste, au débouché du ouadi Douga dans la plaine. C'est probablement là les restes de *Cercar,* qui se trouvait sur la route de Oea (Tripoli) à Leptis Magna, par l'intérieur. Aujourd'hui encore, les caravanes qui ne veulent pas suivre la piste si pénible du littoral (sables mouvants) se détournent jusqu'au pied du versant septentrional du Tarhouna et passent par l'emplacement des ruines où nous croyons reconnaître Cercar.

On m'a dit qu'il existait au sud de Zlitten une localité nommée Kabo où les restes d'un village romain étaient encore visibles. Je les ai cherchés et n'ai trouvé qu'un puissant barrage, à moitié détruit.

LES DJEBELS OU BORDURE SEPTENTRIONALE
DU GRAND PLATEAU INTÉRIEUR.

Je crois devoir rappeler en deux mots la structure de l'intérieur tripolitain.

Il n'existe aucune chaîne de montagnes en Tripolitaine, contrairement à ce qu'avaient affirmé tous les explorateurs. Ce que les indigènes appellent Djebels n'est que la bordure déchiquetée d'un grand plateau, ou T'ahar, qui s'élève brusquement au-dessus de la Djeffara, par une falaise haute de 300 mètres. Ce plateau, occupant tout l'espace compris entre Nalout, Misrata, Sokna et Rhadamès, s'incline doucement vers le sud et vers l'est. Il projette au nord la terrasse intermédiaire du Tarhouna.

Le versant septentrional consiste en l'écroulement rapide sur la Djeffara, tandis que le versant méridional occupe la totalité du plateau. Ses ravins d'écoulement sont le *Soffedjin,* le *Zemzem,* le *Beni-Oullid,* le *Mimoum* et leurs nombreux tributaires.

La région des Djebels, c'est-à-dire le versant septentrional du plateau, mérite le surnom de *montagnes,* en ce sens qu'elle en a l'aspect quand on arrive de la Djeffara. Ce dédale de ravins très profonds et tortueux, de cimes isolées, d'éperons hardis, offre même un aspect fort pittoresque.

Les ouadis qui en dégringolent fertilisent quelques vallées. C'est dans cette région accidentée et assez fertile que se sont cantonnés les Berbères, de race très pure, qui n'ont toléré aucune immixion avec les Arabes. Ces autochtones, laborieux et intelligents, y travaillent les moindres lopins de terre, grâce à d'ingénieuses irrigations et à de nombreux barrages (cultures d'orge, de figuiers, d'oliviers, troupeaux de moutons).

J'ai expliqué (Rapport 1903) les raisons pour lesquelles le *Limes Tripolitanus* ne pouvait se trouver dans l'intérieur de la zone tourmentée des djebels Nefousa, Yffren et Gariana. Cette route militaire et commerciale qui conduisait de Tacape (Gabès) à Leptis (Lebda) devait nécessairement suivre les régions agricoles sur le terrain où elle trouvait le meilleur tracé, c'est-à-dire le bord du plateau intérieur, en arrière du versant septentrional. Elle devait suivre cette bordure le plus près possible des djebels, afin d'économiser les distances, et desservir les centres habités de la région montagneuse. J'ai expliqué aussi pourquoi Zentan ne pouvait être que la station de *Thenteos* (Zenteos) indiquée dans l'Itinéraire d'Antonin. Les ruines de Slamat ou Slamatin sont certainement les restes de *Thamascaltin* (Zamascaltin); celles de Kçour, à 10 kilomètres au sud de Kabao, correspondent à *Thramusdusim* (les indigènes portent encore le nom de Tramezin, le même qu'un village situé à 15 kilomètres de là). Je n'ai pas trouvé de ruines au sud de Nalout, mais ces parages doivent renfermer les traces de *Tabuinati,* et le district d'Ouadsem celles de *Ad Amadum.*

A l'est de Zentan, les ruines d'Aouinia correspondent à celles d'*Aurou* (nom qu'on donne encore à la tribu indigène) et Djendouba

(Jériben, Henchir Ibaria) correspond à *Vinaza*. Ce dernier point, dont j'ai décrit les vestiges (Rapport 1903), avait d'autant plus d'importance qu'il se trouvait au croisement du *limes* avec la voie

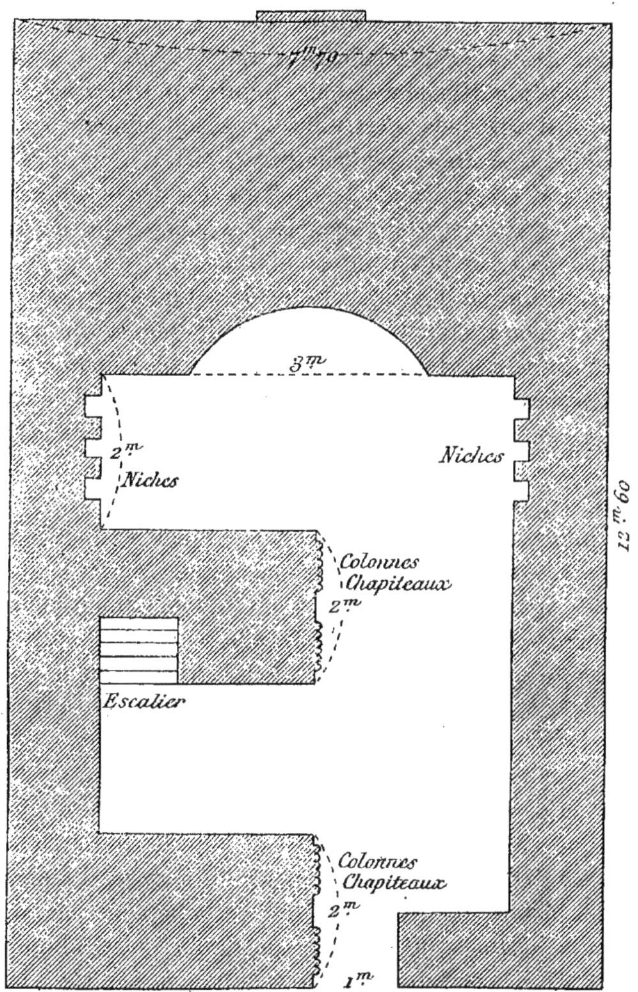

Rez-de-chaussée.

de pénétration vers l'intérieur, qui partait de Tripoli pour gagner le Fezzan (Phasania) par Misda.

À partir de Djendouba, les voyageurs et les convois qui venaient de Gabès et se rendaient à Leptis devaient nécessairement obliquer

un peu vers le sud parce qu'ils se heurtaient au massif de Gariana.
Dans ce tronçon, le djebel se creuse plus largement et forme
un îlot montagneux, très tourmenté, que la haute vallée du ouadi

1er étage.

Rhane délimite nettement. Pour éviter ce massif, il fallait passer
au sud du haut Rhane. On y gagnait d'éviter non seulement le
Gariana, mais encore le plateau de Tarhouna, dont la moitié
méridionale est aussi difficile que les Djebels.

Précisément à la distance indiquée par l'Itinéraire d'Antonin pour la station de *Talalati* (16 milles) à l'est de Vinaza (Djendouba), dans la direction que je viens d'indiquer, se trouvent les restes d'une importante bourgade et d'un vaste mausolée. Ce site se nomme El-Edjab actuellement.

Les ruines d'El-Edjab couvrent une petite éminence, dans les ondulations nommées Djebel Margel. Le mausolée est un superbe monument en pierre de taille, dont la base mesure 12 m. 60 sur 7 m. 70 et dont la hauteur actuelle dépasse 11 mètres. La façade principale, tournée vers l'occident, est ornée d'une porte murée, haute de 1 m. 50 et large de 1 mètre. Cette façade, partagée en deux étages par une large corniche, est flanquée dans sa partie supérieure de trois pilastres.

A l'intérieur, en très mauvais état, on distingue, au premier étage, deux niches (face nord et face ouest) hautes de 4 mètres et larges de 1 mètre. La base en est arrondie. Le rez-de-chaussée consiste en une sorte de crypte, au fond de laquelle s'élargit une belle abside. Au centre de cette abside se trouve une petite étagère en marbre, soutenue par une colonnette. Sur les murs latéraux, à proximité du fond, une série de petites niches carrées s'échelonnent; puis s'ouvre un escalier dont la cage est extérieurement flanquée de colonnes et de chapiteaux. L'entrée de cette sorte de crypte se trouve sur la façade orientale, à l'opposé de la porte qui ouvrait sur le tombeau.

À 100 mètres au sud de ce mausolée, d'autres traces de constructions en pierre de taille, de forme carrée et mesurant 6 à 8 mètres de côté;

À 150 mètres plus au sud encore, nouvelles traces de monuments mesurant 7 mètres 13;

À 150 mètres au sud-est, tour carrée, de 12 mètres de côté, en pierres plates, inégales, mal cimentées;

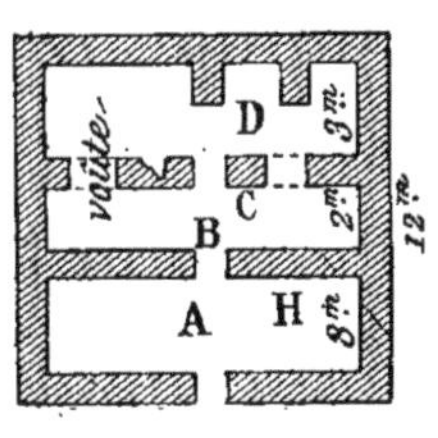

À trois kilomètres de là, une autre tour semblable, ainsi que dans toute la haute vallée du Temsiouan. Je pense que ce sont des postes de veilleurs élevés par les Arabes au moyen âge. En tous cas, ils ne proviennent certainement pas de la période romaine.

L'emplacement d'El-Edjab sur le prolongement logique de la

ligne Ad Amadum-Vinaza du *limes,* sa distance de Vinaza, l'importance de ses ruines ne me paraissent laisser aucun doute sur son identité (Talalati).

À l'extrémité mérionale du Tarhouna, sur le haut ouadi Madher (affl. dr. du ouadi Oukirré), à la distance de 26 milles indiquée par l'Itinéraire d'Antonin, j'ai trouvé (1904) les restes d'un *castellum* et d'une bourgade importante, dont le site porte aujourd'hui le nom de *Anessa.* Il est évident qu'on se trouve là en présence de l'ancienne station de *Thenadassa.*

Je n'ai pu retrouver aucun indice sur la dernière de ces stations avant Leptis, c'est-à-dire *Mesphe* [1]. La configuration du sol me fait croire que cette Mesphe se trouvait sur le ouadi Temsiouan à 45 kilomètres environ au nord-est d'Anessa. Le *limes* suivait alors le ravin tortueux du ouadi Temsiouan (ou ouadi Lebda) dans la riche plaine de Leptis et aboutissait à la mer.

Ainsi l'identification des stations indiquées dans l'Itinéraire d'Antonin avec les ruines que j'ai découvertes serait la suivante (voir le croquis géographique du Rapport de 1904):

STATIONS D'ANTONIN.	MILLES.	RUINES DÉCOUVERTES PAR LA MISSION
Ad Amadum..................		Ouadsen (?).
Tabuinati.................	25	Nalout (?).
Thramasdusim.............	25	El-Kçour (Tramezin).
Thamascaltin.............	30	Slamat.
Thenteos.................	30	Zentan.
Aurou....................	30	Aouînya.
Vinaza..................	35	Djendouba.
Talalati................	16	El-Edjab.
Thenadassa.............	26	Anessa.
Mesphe.................	30	?
Leptis Magna..........	40	

[1] En 1901 j'avais cru en retrouver la trace dans une bourgade du ouadi Douga, mais les découvertes postérieures détruisent cette hypothèse.

LE T'AHAR OU GRAND PLATEAU INTÉRIEUR

AU SUD DES DJEBELS.

Le grand plateau tripolitain qui s'étend entre Nalout, Rhadamès, Sokna et Misrata, et qui est drainé de l'ouest à l'est par les longs ravins du Soffedjin et du Zemzem, ne possède guère de ruines romaines que dans sa partie orientale. Le reste ne renferme aucune trace d'occupation proprement dite, mais seulement des *castella* qui gardaient les voies de pénétration et permettaient aux convois de s'abriter en cas d'attaque.

Les cartes dessinent le tracé d'un important tributaire méridional du ouadi Soffedjin, qui partirait du district de Nalout et déboucherait un peu en amont de Misda, sous le nom de *Segher*. Ce ouadi Segher n'existe pas. Le haut Soffedjin ne reçoit sur sa berge méridionale que des tributaires de court développement (à peine 30 kilomètres) tels que le *Fossano*, le *Bélédjé*, le *Maregh*. Les voyageurs qui ont coupé un ouadi Segher (?) en se rendant de Tripoli à Rhadamès se sont donc trompés en le faisant aboutir au Soffedjin; il est probable que ce ravin, d'abord dirigé de l'ouest à l'est à son origine, s'infléchit ensuite vers le sud et va se perdre dans le Hammada.

Toute la région comprise entre la frontière tunisienne et le haut Soffedjin ne contient qu'une seule ruine, celle de *Ouamès*. Désertique, au sens le plus complet de ce terme, elle ne peut et n'a jamais pu servir à des exploitations agricoles. Elle ne saurait même pas être utilisée aux itinéraires des caravanes, car la traversée en est impossible, à cause de l'absence complète d'eau souterraine.

La ruine de *Ouamès* se trouve en plein lit du haut Soffedjin, en amont du débouché du ouadi Maregh. Elle comprend un *castellum*, entouré d'un amas de débris, où l'on ne peut plus rien distinguer, mais si considérable qu'il doit provenir d'habitations voisines du fort.

Le *castellum* se dresse sur une faible colline de la plaine formée par le lit très large et sans berges du haut Soffedjin. (Tous les ravins qui érodent si profondément le plateau du T'ahar commencent par des vallées larges et plates, sorte de plaines à peine

sensiblement concaves.) Ce fort est construit en petit appareil,
très soigneusement bâti et cimenté. Le croquis ci-dessous en donne
le plan et les dimensions. L'excavation que l'on voit près de la
porte est due uniquement à une démolition récente. Une tour
carrée, de 2 m. 50 de côté, s'élevait au-dessus de la porte et
en dedans des murs. Les traces en sont encore nettement visibles
au premier étage. Sa base était à 5 mètres du sol et les pans mesurent encore 3 mètres. La porte est voûtée et coupée par une
large dalle, sous le cintre.

Je pense que ce fortin isolé était destiné à relier Djado, ou
la Sabratha intérieure, à Misda, pour les caravanes qui quit-
taient la route de Sabratha-Rhadamès et se dirigeaient sur le
Fezzan.

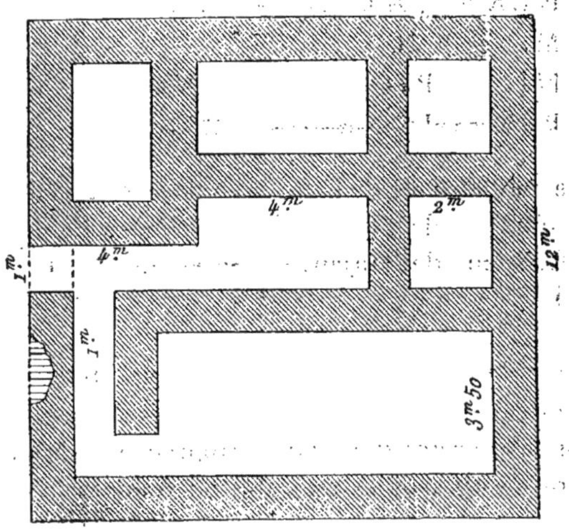

Les stations d'une voie de pénétration entre Tripoli et Misda,
par Djendouba, Skiffa et Elmdina-Ragda, ont été décrites dans
le Rapport 1903. À l'époque romaine c'était incontestablement la
grande route du Soudan. J'ai trouvé, dans ce dernier voyage, à
8 kilomètres au nord de Misda, une borne milliaire, qui est d'une
réelle importance à cause de l'endroit avancé où elle a été recueillie.
M. Toutain a fait la lecture suivante de l'inscription qu'elle
contient. (Barth a vu cette borne milliaire, mais en la signalant, il
affirme qu'on n'y peut plus déchiffrer les lettres. On voit à quel
point il se trompait, puisque j'en ai fait aisément une copie et que
la lecture n'a offert aucune difficulté, d'après l'estampage.)

```
I M P        C A E S
DIVI SEPTIMI SEV
ERI PII ARABICI ADI
ABENICI       SARMAT
ICI MAX BRITTANICI
MAX FILIO DIVI M     AN
TONINI PII (g)ErmAni
CI SARMATICI NEpo
ti DIVI ANTONINI PII
PRO NEPOTI DIVI HAD
RIANI AB NEPOTI DIVI
TRAIANI PARTHICI ET DIVI
NERVÆ AD NEⓈPOTI
M. AVRELIO ANTO
NINO PIO FelICI AVG
ParTHICOM  BRittanici
```

Cette borne milliaire est donc au nom de Caracalla, fils de Septime Sévère, petit-fils de Marc-Aurèle, arrière-petit-fils d'Antonin le Pieux, de Hadrien, de Trajan, de Nerva. La date est entre 211 et 217 après J.-C.

C'est à partir de Misda que l'on commence à rencontrer sur le Soffedjin des ruines romaines, lesquelles deviennent de plus en plus nombreuses à mesure que l'on se rapproche de la mer.

La première de ces ruines est celle de *Khalafaïdji,* que nous n'avions pu voir dans le voyage précédent. Elle se trouve sur une colline isolée et abrupte, en plein lit du ouadi Rhab, affluent méridional du Soffedjin. Les pentes de la colline sont si roides que les débris de colonnes et de chapiteaux ont roulé, à 6o mètres de profondeur, dans le thalweg, où ils se sont amoncelés.

Khalafaïdji est construit en petit appareil très soigné. Le monument s'élève encore à 10 mètres de hauteur en certains endroits. Trois entrées sont ouvertes sur le côté oriental. L'intérieur est divisé en trois compartiments, dont l'un, celui du milieu, se termine en abside.

En H, colonne soutenant la voûte;

En I. angle arrondi;

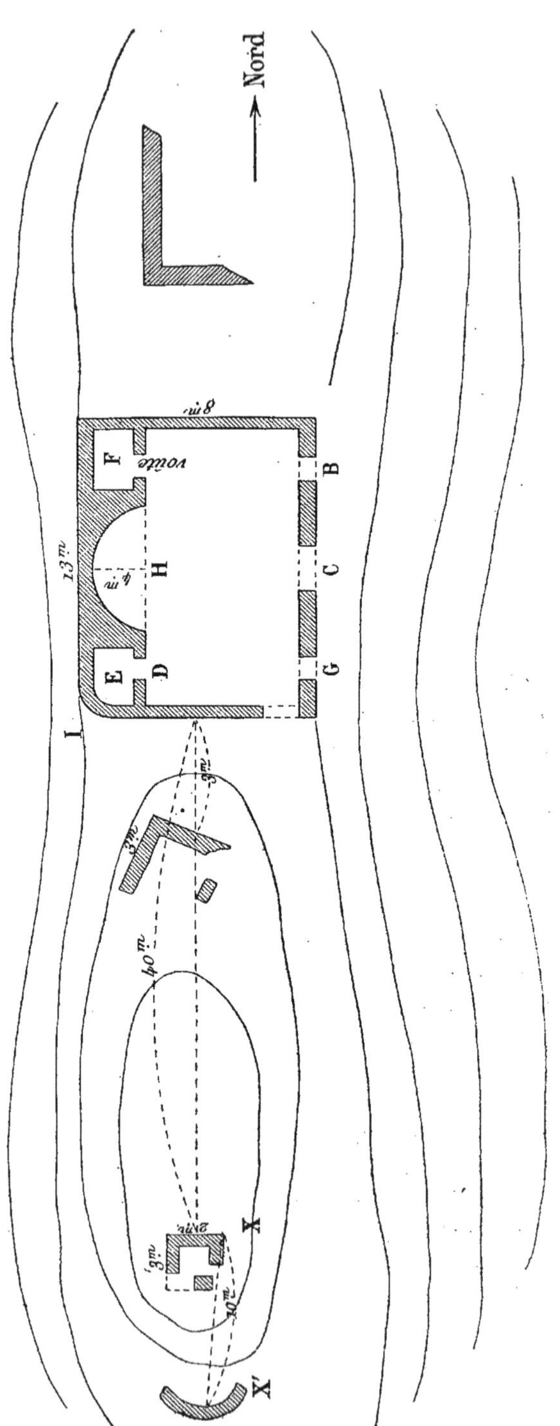

Nord
voûte
13 m.
8 m.
4 m.
F
E
D
H
I
G
C
B
3 m.
3 m.
40 m.
3 m.
2 m.
3 m.
10 m.
X
X'

En E et F, portes donnant dans des chambres qui flanquent l'abside;

En G, porte, aujourd'hui murée;

En C, porte principale; largeur 1 m. 5o;

En B, autre porte; largeur 1 mètre.

L'aspect de cette ruine trahit indubitablement l'existence d'une ancienne communauté chrétienne en ce site. Le monument avait une chapelle. Mais toute la construction a dû être remaniée par les Arabes au moyen âge.

Cette ruine occupe la partie centrale de la longue et étroite terrasse qui termine la colline. Au nord et au sud, on distingue les traces d'autres bâtiments.

En X, ruines de constructions sur des rochers qui dominent de 4 mètres la base du monument principal.

En X′, roches cimentées entre elles et ajustées en forme de grotte, au-dessus d'un mur circulaire.

Le tout est en très mauvais état, presque détruit entièrement.

Aucune inscription.

Les débris s'amoncellent dans le thalweg du ouadi.

Au débouché du ouadi Rhab, deux tours à signaler (à Chtita).

Après Khalafaïdji se trouvent les vestiges de *Ometela, Ngassa, Daffar Eremta, Mahadoula, Argous*.

Le ouadi Nefed contient les ruines de *Ahmed* et de *Lakadié*.

Le ouadi Ghirza contient les ruines de *Sadé* et de *Ghirza*.

La bordure orientale du plateau, entre Orfella et la lagune desséchée de Taorgha, contient les ruines de *Feskia*, de *Msellat, Gassar Zinger, Bitlasan*, etc. (Voir le Rapport de 1903 pour les ruines du Soffedjin jusqu'à la mer.)

Il en résulte que les Romains ont surtout cultivé la partie orientale du T'ahar. J'ai démontré (Rapport 1903) qu'ils s'étaient bornés à exploiter les thalwegs des nombreux ouadis qui rayent le plateau et j'ai expliqué pourquoi ils n'ont rien pu tenter sur les terrasses intermédiaires. Mais ces thalwegs étant très nombreux et leur largeur s'étalant parfois sur une étendue considérable, le total de la superficie exploitée devait amplement récompenser des efforts faits pour le forage des puits, la construction des citernes et des barrages.

LE TARHOUNA.

Cette terrasse intermédiaire entre les Djebels et la mer, projetée au nord-est des monts Garina, a été étudiée dans mon voyage de 1901. Dans ce nouveau voyage, j'ai eu la chance de découvrir une inscription néo-punique à *Er-Saïlat,* à 8 kilomètres est de Kasr-Tarhouna. Cette inscription a été lue par M. Clermont-Ganneau. Elle apprend qu'un temple était dédié là, par le proconsul Lamia (15 ou 17 après J.-C.).

CONCLUSIONS.

Maintenant que mon enquête sur les ruines romaines de la Tripolitaine se trouve complètement terminée par cette troisième exploration, je crois ne pouvoir mieux en résumer le résultat qu'en donnant la liste de ces ruines. La voici :

Littoral. Sabratha, Assaria, Gargarech, Oea, Cercar, Mergheb, Leptis Magna, Simnvana, Thebunte, Cynips, Sugolin.

Djeffara. Sabria, Kabo.

Djebels. Thramusdusim, Thamascaltin, Thenteos, Aouinia, Enfied, Vinaza, Talalati, Anessa.

T'ahar. Ouamès, Elmdina, Skiffa, Khalafaïdji, Ouchtata, Ometela, Ngassa, Eremta, Mahadoula, Argous, Ahmed, Lakadié, Sadé, Ghirza, Feskia, Msellat, Zinger, Bitlasan, Sassou, Agerou.

Tarhouna. Msellata, Douga, Daoun, Er-Saïlat, Temsiouan et innombrables bourgades avec torculars.

J'ai tenté de faire certaines identifications géographiques d'après les noms laissés par les auteurs grecs et latins pour les montagnes et les ouadis.

Le *Zuchabari,* où Ptolémée place les sources du Cynips (ouadi Oukerré), ne peut être que le massif de Gariana. Mais à quoi correspond le *Fons Acabe,* du même géographe? Ne serait-il pas la partie du djebel Nefoussa où vit encore la tribu des Assaba, entre Djado et Nalout? Quant au *Giglius,* indiqué comme existant au sud-ouest d'une Sabratha intérieure, il pourrait être le prolongement occidental du *Fons Acabe.* Puisque nous connaissons maintenant l'emplacement de cette Sabratha intérieure, il me semble correspondre aux monts de Nalout.

Le *Thizibi* ne peut être une montagne du fond de la Grande Syrte, puisque les Tables Ptoléméennes l'indiquent au nord-est du Zuchabari. J'y verrais plutôt le plateau de Tarhouna et je m'étonne de l'explication de Tissot.

Le *Tillibari,* nom que l'Itinéraire d'Antonin donne à une station du *limes* située à l'ouest d'Ouadsen, devrait être la partie montagneuse du Sud tunisien qui se rattache à la partie tripolitaine. Je ne vois pas comment Tissot peut placer le Tillibari sur la Grande Syrte.

Au point de vue hydrographique, nos conclusions n'ont pas eu un caractère plus précis :

Le *Masouga* pourrait être le ouadi Douga;

Le *Amesa* pourrait être le ouadi Temsiouan;

L'*Œnoladon* pourrait être le ouadi Msid.

Au point de vue ethnographique, les *Gindanes* sont certainement les Zintanes, tribus berbères dont j'ai trouvé les descendants actuels à Zintan et à Misda.

Le nom de *Ghirza,* que les Arabes nomades donnent aujourd'hui aux superbes ruines du Zemzem, rappelle celui de *Gérisa* (Guirensis) cité dans les auteurs anciens. Le nom de Zemzem ressemble étrangement à celui de *Zizimia* cité dans le Triomphe de Balbus.

En comparant le sol aux descriptions de la période romaine, on se convainc bien vite que les conditions n'ont pas sensiblement changé. Le sable jaune des bas-fonds et des thalwegs est la seule partie cultivable, dans ces vastes étendues désertiques, comme le remarquait Columelle (*De re rustica*).

Aucun des témoignages de l'antiquité ne place les forêts de l'Afrique septentrionale dans un endroit précis de la Tripolitaine. Je n'ai retrouvé nulle part d'autres traces d'arbres que celles des oliviers du Tarhouna; on peut en déduire qu'il n'y a jamais eu de forêts en Tripolitaine proprement dite, autres que les oasis de palmiers. Nulles traces de mines, non plus.

L'autruche, qui existait encore au siècle dernier sur le plateau d'Orfella, a complètement disparu : il faut aller jusqu'au Fezzan pour la retrouver.

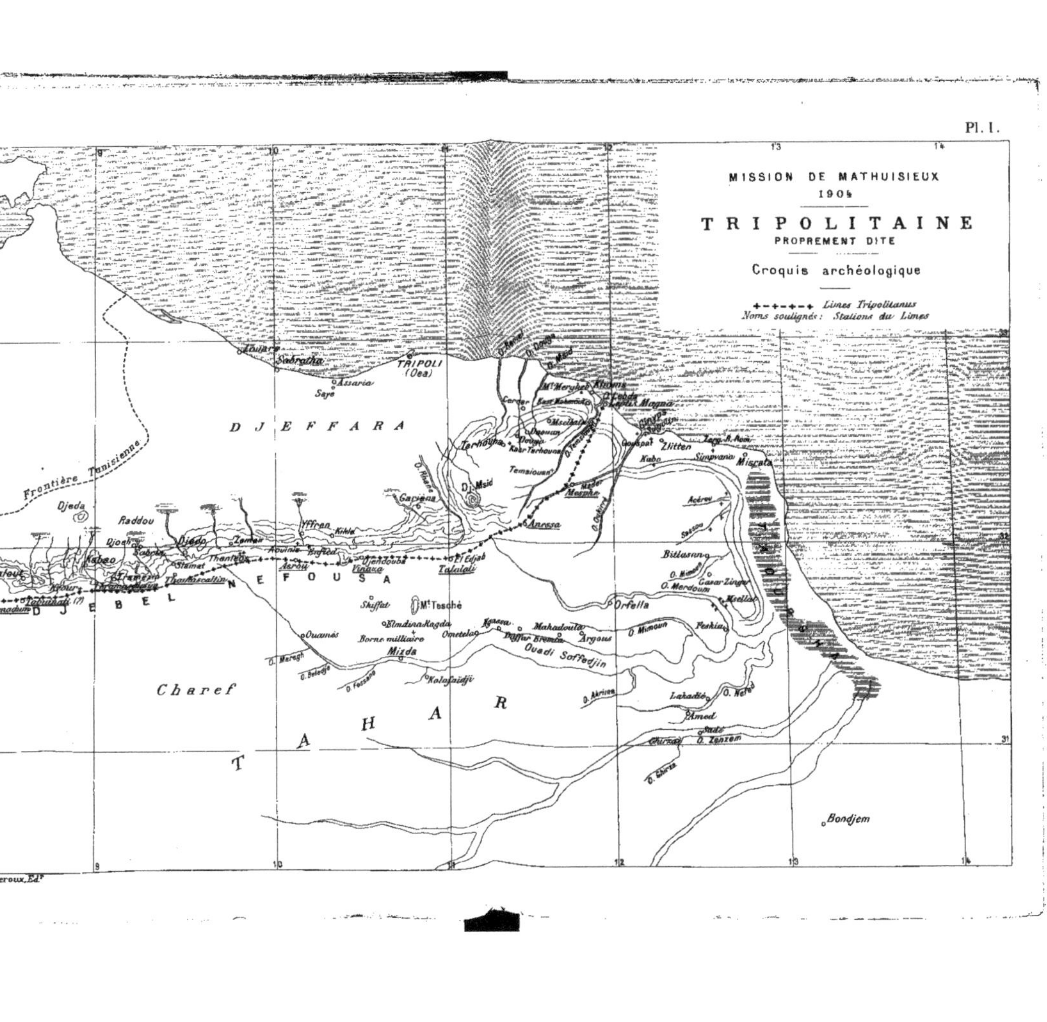
MISSION DE MATHUISIEUX
1904
TRIPOLITAINE
PROPREMENT DITE
Croquis archéologique
Limes Tripolitanus
Noms soulignés: Stations du Limes
Frontière Tunisienne
DJEFFARA
TRIPOLI (Oea)
Abiara
Sidrathe
Assaria
Saye
Chenef
Doua
D. Sgen
Mt Mergheb
Leptis Magna
Zliten
Zliten
Miscata
Simpvana
Kubs
Acérei
Tarhouha
Temaiouen
D. Msid
Gapiena
Anassa
Djada
Raddou
Djoshe
Iffren
Kihla
Zamai
Thantour
Hovinia Defled
Djendoua
Talalali
Nalout
Tabuinati
Amadum
DJEBEL NEFOUSA
Skuffat
Mt Tesché
Elmdina Nagda
Ometelao
Borne milliaire
Mizda
Mahadouta
Orfella
Argous
Gasar Zinge
Meellat
Ouadi Soffedjin
Kolofaidji
O. Akrissa
Lakadib
O. Nefed
Ahmed
O. Zenzem
O. Chirsa
Bondjem
Charef
A H A R
T
Leroux, Edr

Je joins à ces résultats archéologiques : une note géographique sur le Tarhouna et la liste des Coléoptères recueillis au cours de mon voyage.

J'ai l'honneur de vous adresser, M. le Ministre, mes plus respectueux hommages.

H.-MÉHIER DE MATHUISIEULX.

NOTE

SUR LE TARHOUNA ET SUR LA PLAINE DE T'AHAR

COMPRISE ENTRE GARIANA ET MISDA.

La Tarhouna est un plateau de 3oo mètres d'altitude moyenne, formant une marche intermédiaire entre le grand plateau intérieur et la mer. C'est un contrefort projeté par le T'ahar au nord-est du massif de Gariana.

Cette terrasse du Tarhouna est, en tous points, une reproduction en miniature du grand plateau intérieur. Comme lui, elle s'incline vers l'est, de sorte que ses deux ravins, le Temsiouan et le Oukirré, le traversent presque parallèlement à sa bordure septentrionale. Comme lui, elle se termine au nord par un autre versant abrupte, donnant passage à des torrents. Seulement ses ouadis septentrionaux, le *Ramel,* le *Douga,* le *Msid,* ont un peu d'eau jusqu'à leur embouchure, parce que l'étendue de sable qu'ils franchissent dans le Djeffara n'est pas considérable.

Le point culminant du plateau de Tarhouna est le mont *Msid de Tarhouna,* qu'il ne faut pas confondre avec un autre Msid, situé aux abords de la région de Msellata. Cette montagne, isolée par les contours que fait autour d'elle le ouadi Hammam, mesure 551 mètres d'altitude[1]. De ce sommet on aperçoit toute la partie

[1] Les altitudes ont été prises au moyen d'un baromètre altimétrique Goulier, lequel avait été vérifié au départ par le *Bureau central météorologique de France.* Le point de départ des observations altimétriques a été Khoms, où l'instrument a été mis à zéro, au bord de la mer. Chaque matin, au départ de l'étape, je remettais le baromètre à zéro. Le polygone altimétrique a été fermé à Tripoli, avec une approximation de 1o mètres.

du Tarhouna qui se rattache au Gariana : à l'ouest, la profonde
cassure du ouadi Rhane; au nord, les chaînons de l'*Oumelazi*
(530 mètres), et de la *Djemma* (540 mètres); à l'est, les chaînons
de la *Magra* (545 mètres), du *Chaïet* et du *Hammas;* au sud, le
djebel *Draa.*

Le Msid est un mont volcanique, au sommet duquel les Turcs
avaient construit un château fort au moyen âge. Le panorama
qui s'y déroule est d'aspect lunaire : tout autour, solitude et aridité.

C'est que le Tarhouna est presque entièrement désert. On n'y
rencontre pas un arbre, contrairement à ce que l'on voit dans les
collines de Msellata, où les oliviers abondent. (Cette région de
Msellata, qui peut être considérée comme l'extrémité nord-orien-
tale du Tarhouna, est beaucoup plus productive en céréales et
en troupeaux.)

La population du Tarhouna, essentiellement arabe et nomade,
vit de quelques champs d'orge semés dans les bas-fonds. Elle
habite exclusivement des gourbis très misérables. Les seules constructions sont celles du nouveau Kasr turc, groupe infime de
casernes et de fondouks.

Nous avons démontré dans le Rapport de 1901 que cette région était très peuplée à l'époque romaine, où les bourgades et les
pressoirs à huile s'y trouvaient en grand nombre. On peut ajouter
encore qu'elle était très peuplée au moyen âge, car j'ai vu, dans
ce récent voyage, un bon nombre de châteaux forts arabes, datant
du xiii⁰ siècle.

L'altitude se relève très sensiblement aux abords du Gariana,
où elle mesure 400 mètres dans les plaines; mais elle diminue
considérablement en se rapprochant de la mer. Msellata n'est
qu'à 95 mètres et Daoun à 205. Entre ces deux points, la profonde vallée du Msid marque la séparation entre le Tarhouna et le
Msellata.

Les deux grandes artères sont : le *Temsiouan,* qui n'est autre
que le ouadi Lebda; le *Oukirré,* qui n'est autre que le Cynips ou
ouadi Kaan.

Le Oukirré prend son origine sous la même latitude que le Rhane,
c'est-à-dire qu'il a un développement trois ou quatre fois plus grand
que ne le croyaient les anciens. Il a, pour tributaire gauche, le ouadi
Maddher, qui lui-même reçoit sur sa berge gauche le ouadi *Bouïra.*

Le Temsiouan prend son origine un peu au nord du djebel Draa; il a pour tributaire gauche le ouadi *Kerzim*.

Le versant septentrional du Tarhouna est sillonné par :

1° Le ouadi *Hammam*, qui vient du djebel Draa, contourne le mont Msid et se perd dans la Djeffara, à l'est de Kedoua;

2° Le ouadi *Medjenin*, qui vient également du djebel Draa et se jette dans le Hammam';

3° Le ouadi *Ramel*, qui vient du Kasr-Tarhouna et se jette dans la mer à Sidi-ben-Nour;

4° Le ouadi *Douga;*

5° Le ouadi *Msid*, venant du Msid de Msellata.

Ce qui distingue le plateau de Tarhouna du grand plateau inté-rieur, c'est qu'il est beaucoup plus percé par des pitons basaltiques. Le nombre des collines dues à l'action volcanique y est consi-dérable. Celles-ci se distinguent en général par leur forme pointue, tandis que les collines dues à l'érosion se distinguent par leur forme arrondie. La différence est encore beaucoup plus sensible au point de vue de la couleur, les unes, d'un beau noir basaltique, tranchant avec les autres, d'un calcaire très clair.

Les berges abruptes des ouadis, dans la partie qui se rapproche du Gariana, sont striées de cheminées basaltiques dont la coupe noire fuse en gerbe dans le calcaire blanc et s'évase considérable-ment en arrivant à la partie supérieure. Ce phénomène, très fré-quent dans ce plateau, se reproduit quelquefois dans le T'ahar, par exemple au mont Tesché.

Dans un pays si pauvre, on comprendra aisément que la popu-lation est très clairsemée. Il semble cependant que depuis quelque temps elle augmente. J'attribue ce fait à une nouvelle industrie, celle de l'alfa. Il y a une dizaine d'années, les indigènes n'utili-saient guère ces herbes qui croissent à foison sur le plateau. Tout au plus l'employaient-ils à la confection de quelques sparteries, ou bien à la nourriture du bétail dans les années de disette. Aujour-d'hui ils coupent ce végétal, le tassent dans d'énormes besaces en filet, en chargent avec exagération leurs pauvres chameaux et vont le vendre dans les ports de Tripoli, de Khoms, de Misrata, où des usines compriment l'herbe, comme on fait de nos foins militaires en Europe.

Des usines, les bottes sont chargées sur des vapeurs anglais qui les transportent à Londres pour alimenter les fabriques de papier. Il s'en exporte ainsi près de deux millions annuellement, depuis ces derniers temps. L'appât d'un gain facile attire les habitants de la Djeffara environnante et même du Gariana, de sorte que ce Tarhouna si pauvre pourrait bien se transformer complètement d'ici peu.

LISTE DES ARTICULÉS

RECUEILLIS EN TRIPOLITAINE (1903, 1904)

PAR M. H. MÉHIER DE MATHUISIEULX.

Les renseignements que nous possédons sur la faune entomologique de la Tripolitaine sont encore fort peu nombreux; aussi devons-nous savoir particulièrement gré à M. de Mathuisieulx, dont les voyages dans ce pays où les Européens pénètrent si difficilement n'avaient aucunement pour but des recherches d'histoire naturelle, d'avoir bien voulu prendre le soin de recueillir un certain nombre d'insectes, et je lui suis tout spécialement reconnaissant de la grande amabilité qu'il a eue de me les donner.

Les Coléoptères constituent la partie de beaucoup la plus importante de cette récolte. Ils comprennent 60 espèces et quelques variétés qui fournissent une série d'indications géographiques fort intéressantes; nombre d'entre elles n'étaient pas encore connues de Tripolitaine, quelques-unes même sont nouvelles pour l'Afrique.

M. L. Bedel, à l'obligeance et à la grande compétence de qui j'ai eu fréquemment recours, a bien voulu m'aider à les déterminer.

Paris, février 1905.

Ph. François.

COLÉOPTÈRES.

Carabidae.

Scarites striatus Dej. — Djeffara (1), Tripolitaine (2).
Bembidion ambiguum Dej. — Gariana (1).
Harpalus tenebrosus Dej. — Gariana (1).
Graphipterus serrator var. *Heydeni* Kraatz. — Tarhouna (3), Tensiouan (6), Djeffara (2).
G. serrator var. *luctuosus* Dej. — Tarhouna (2), Tensiouan (1), entre Gariana et Misda (5), Djeffara (1), Nefouça (1), Soffedjin (1).

Anthia venator F. — Tripolitaine (2).
A. sexmaculata F. — Djeffara (3), Nefouça (1), Soffedjin (3).
Metabletus exclamationis Mén. — Tensiouan (1).
Cymindis sitifensis Luc. — Entre Nalout et Fossato (1).

Staphylinidae.

Ocypus ophthalmicus Scop. — Gariana (1).

Coccinellidae.

Coccinella septempunctata L. — Djeffara (2), Nefouça (1), entre Gariana et Misda (1), Misda (8), Haut Tarhouna : Msid (10), etc.

Dermestidae.

Attagenus (*Telopes*) *uniformis* Fairm. — Misda (3).

Histeridae.

Saprinus Osiris Mars. — Entre Nalout et Fossato (1), Djeffara (2).
S. niger Motsch. — Misda (1).

Scarabacidae.

Scarabaeus sacer L. — Djeffara (1).
Mnematium Ritchiei Mc Leay. — Djeffara (2).
Aphodius opacus Reitt. — Misda (1), Soffedjin (1).
A. punctipennis Er. — Haut Tarhouna : Msid (1 ♂).

Cette espèce n'était connue jusqu'ici que de l'Europe orientale et de l'Asie occidentale (Turcomanie, Turkestan); sa capture dans le nord de l'Afrique constitue un fait particulièrement intéressant.

A. hyeroglyphicus Klug. — Djeffara (5).
Pachyderma sp. — Tarhouna (1).

Espèce probablement fort intéressante, mais indéterminable par suite de l'état défectueux de l'unique spécimen recueilli.

Buprestidae.

Julodis Koenigi Mannh. — Misda (1).

Elateridae.

Cardiophorus sp. (? *Bonnairei*). — Tensiouan.

Lampyridae.

Lampyris attenuata Fairm. — Haut Tarhouna : Msid (5), Gariana (5).

Le *Lampyris attenuata* n'avait été signalé qu'en Tunisie et dans le Sud algérien.

Tenebrionidae.

Erodius bicostatus Sol. — Tensiouan (1).
E. nanus Vaul. — Orfella (45), Soffedjin (1).
E. Lefranci Kr. — Orfella (10), Djeffara (3), Misda (2).
Zophosis personata Er. — Entre Nalout et Fossato (1).
Z. viridilimbata Chob. — Entre Gariana et Misda (1).
Adesmia affinis Sol. — Entre Nalout et Fossato (1), Djeffara (1), Misda (1),
   Tarhouna (1), Haut Tarhouna : Msid (1).
A. Faremonti Luc. — Nefouça (2), Djeffara (2), entre Nalout et Fossato (1),
   Tarhouna (1).
A. acervata Klug. — Soffedjin (1), entre Gariana et Misda (2).
Tentyria Latreillei Sol. — Tripolitaine (2).
T. aegyptiaca Sol. — Djeffara (1).
T. longicollis Luc. — Soffedjin (1).
Micipsa sp. — Misda (1).
M. (Cirta) striaticollis Luc. — Misda (1).
Stenosis punica Pic. — Tensiouan (1).
Akis Goryi Guér. — Orfella (1).
Scaurus Varvasi Sol. — Djeffara (1).
S. Bougoni Fairm. — Tensiouan (1).
Thriptera Varvasi Sol. — Misda (7), entre Gariana et Misda (1).
Pimelia pilifera Sénac. — Djeffara (1).
P. tenuicornis Sol. — Tensiouan (1).
P. interstitialis Sol. — Tensiouan (1), Tarhouna (1).
P. simplex Sol. — Nefouça (1), entre Nalout et Fossato (1).
Sepidium serratum Sol. — Entre Nalout et Fossato (1), Haut Tarhouna : Msid (1),
   Tarhouna (1).
Scleron armatum Walk. — Gariana (1).

Meloïdae.

Meloe rugosus Marsh. — Nefouça (1).
Zonabris tenebrosa Cast. — Tripolitaine (2).
Z. Hemprichi Klug. — Nefouça (3).
Z. circumflexa Chevr. — Soffedjin (3).
Z. circumflexa var. *scapularis* Chevr. — Tensiouan (1).
Halosimus syriacus L. — Nefouça (5).

Curculionidae.

Cleonus (Plagiographus) excoriatus Gyll. — Haut Tarhouna : Msid (1).
C. (Coscinoderus) candidus Ol. — Entre Nalout et Fossato (1).
C. (Koenigius) palaestinus Heyd. — Misda (1).

   Le Dr L. von Heyden avait décrit cette espèce sur des exemplaires provenant
de Palestine, comme son nom l'indique; elle n'avait jamais été signalée en
Afrique. Or, presque simultanément, en 1903, le capitaine Vibert, dans le Sud

de la Tunisie et M. de Mathuisieulx, en Tripolitaine, en ont capturé un exemplaire chacun.

Hypera parvithorax Desbr. — Misda (1).

Chrysomelidae.

Barathraea cerealis Ol. — Nefouça (1 ♂), entre Nalout et Fossato (1 ♀).
Timarcha punctella Mars. — Haut Tarhouna : Msid (2), Tarhouna (1).
Chrysomela gypsophila Küst. — Djeffara (1).
C. bicolor F. — Tripolitaine (2).

HYMÉNOPTÈRES.

Ichneumonide gen. — Misda (1).
Hyménoptères divers. — Djeffara (1), Gariana (1), Tensiouan (1).
Mutilla sp. — Tensiouan (1).
Formicides divers. — Misda (1), entre Nalout et Fossato (11), Soffedjin (3), Tensiouan (4).

ORTHOPTÈRES.

Forficula auricularia L. — Djeffara (4), Tensiouan (5), Gariana (3).
Mantis sp. — Tripolitaine (1), Soffedjin (1).
Eremiaphila (larva). — Entre Gariana et Misda (1).
Truxalide gen. — Djeffara (1).
Acridiens divers. — Entre Gariana et Misda (8), Tensiouan (7), Tarhouna (1), Soffedjin (7).
Pamphagus sp. — Gariana oriental (1).
Ephippiger sp. — Tripolitaine (1), entre Gariana et Misda (4).
Locustide gen. — Orfella (1).
Gryllus sp. — Tensiouan (1).
Blatta sp. — Tensiouan (1).
Blattide gen. — Gariana (1).

HÉMIPTÈRES.

Pyrrhocoris aegyptius L. — Djeffara (2), Misda (100).
Réduvide gen. — Haut Tarhouna (1).
Autres Hétéroptères divers. — Tarhouna (1), Tensiouan (2), Gariana (3).

DIPTÈRES.

Hippobosca sp. — Soffedjin (1), Tarhouna (2).

ARACHNIDES.

I. Scorpionides.

Buthus australis L. — Orfella (2), Misda (1).

II. Solpugides.

Solpuga (*Galeodes*) *flavescens* C. Koch. — Orfella (2), Gariana oriental (1).
S. (*Galeodes*) sp. — Soffedjin (1).

III. Aranéides.

Aranéides divers (indéterminables). — Tensiouan (2), entre Gariana et
Misda (2), Gariana (3).

IV. Acariens.

Ixodes sp. — Djeffara (2), Tensiouan (2).

MYRIAPODES.

Scolopendra sp. — Tripolitaine (1).

CRUSTACÉS (Isopodes).

Hemilepistus Reaumuri Brandt. — Tripolitaine (4), Tarhouna (5).
Oniscide sp. — Tarhouna (1), Haut Tarhouna (1), entre Gariana et Misda (1).

ERRATUM. —— Page 77, ajouter au-dessous de la figure :

Porte. — À 40 mètres au Sud-Est du *castellum* s'élèvent, comme un
arc isolé, quelques ruines contenant une porte.

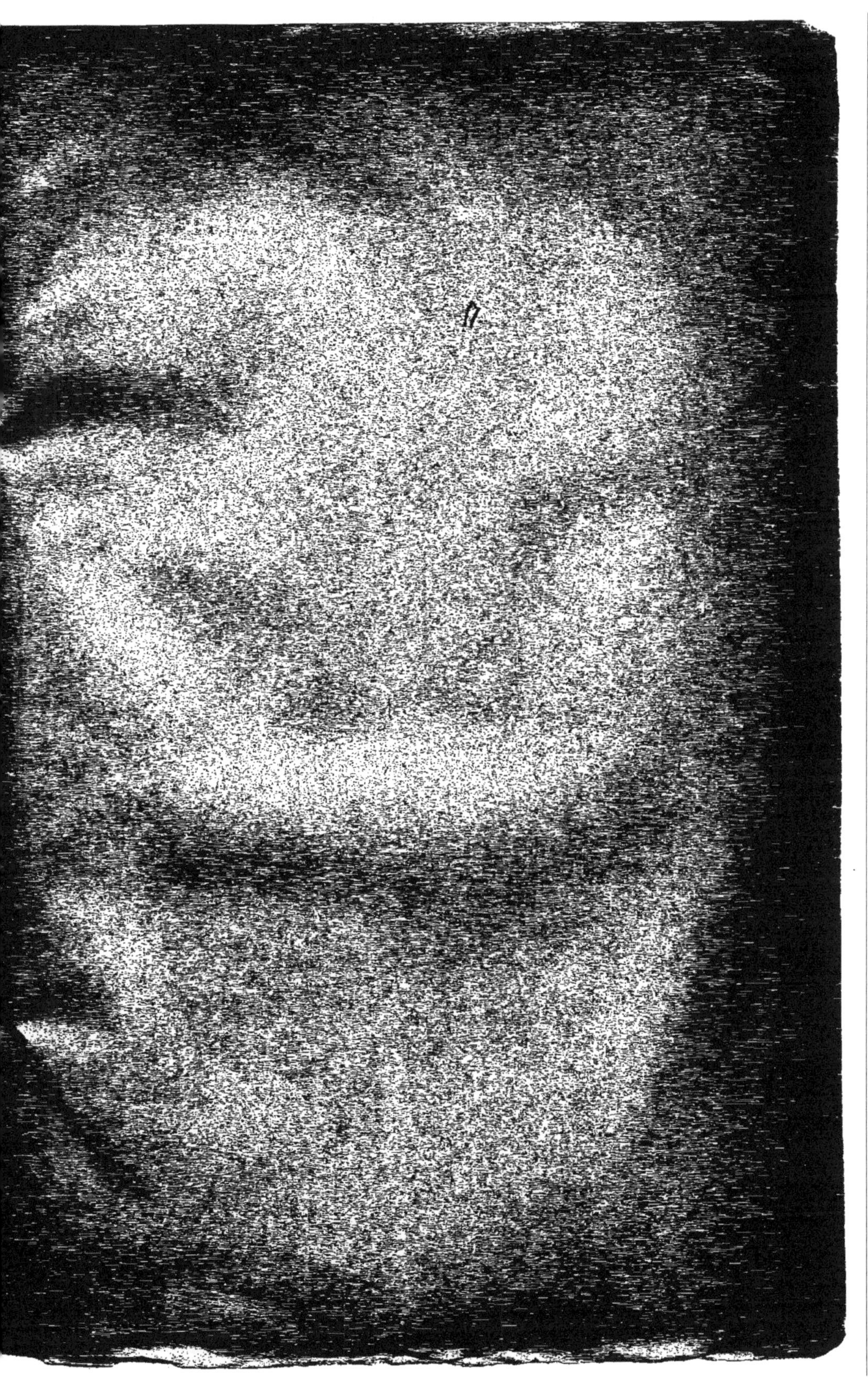

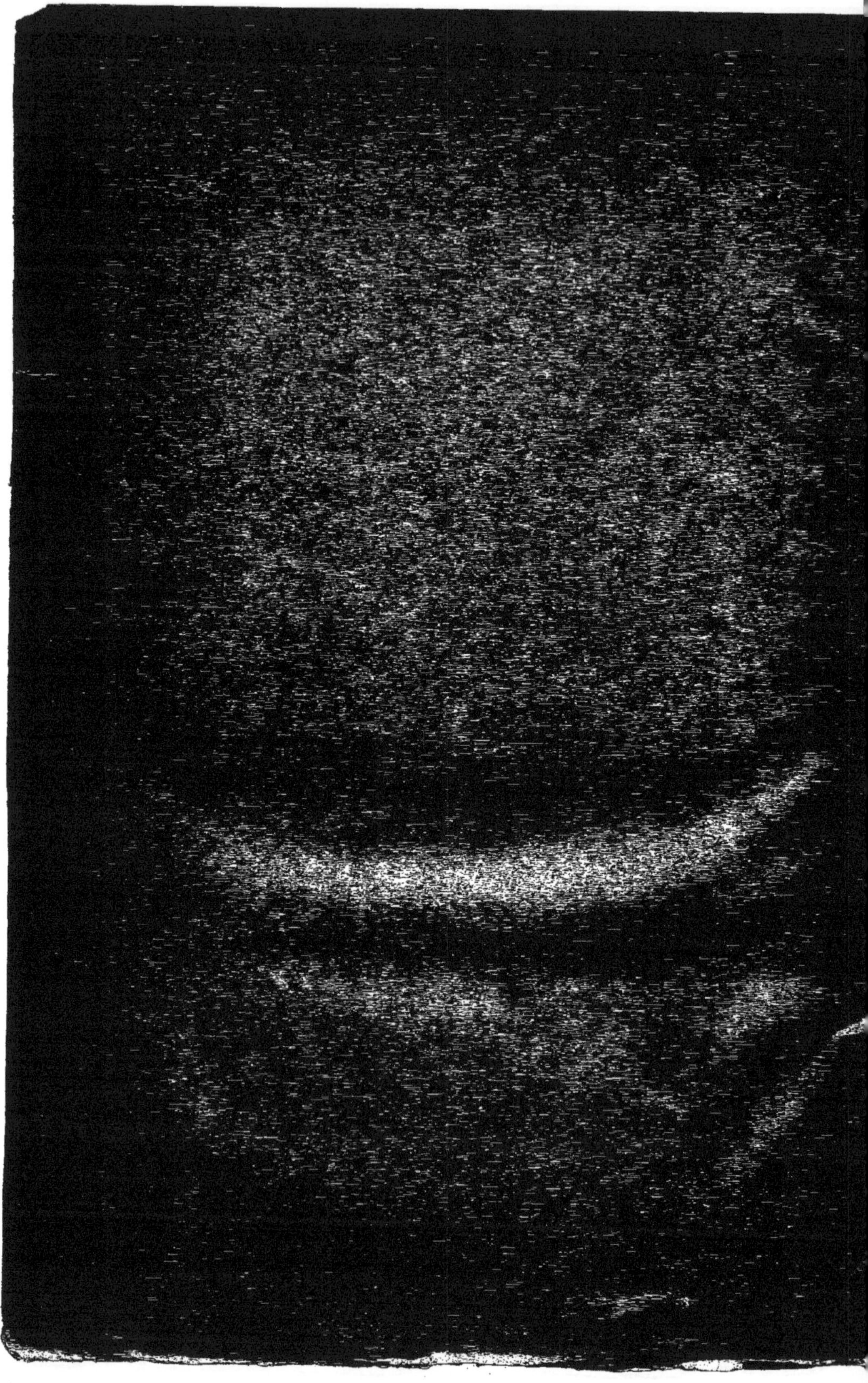

9 782013 631433